与原生家庭和解

李小妃

著

文汇出版社

图书在版编目 (CIP) 数据

与原生家庭和解 / 李小妃著 . — 上海 ： 文汇出版
社 ,2020.6
　ISBN 978-7-5496-3136-0

　Ⅰ . ①与… Ⅱ . ①李… Ⅲ . ①儿童心理学 Ⅳ .
① B844.1

中国版本图书馆 CIP 数据核字 (2020) 第 043630 号

与原生家庭和解

著　　者 / 李小妃
责任编辑 / 戴　铮
装帧设计 / 天之赋工作室

出版发行 / 文匯出版社
　　　　　　 上海市威海路 755 号
　　　　　　 （邮政编码：200041）
经　　销 / 全国新华书店
印　　制 / 三河市龙林印务有限公司
版　　次 / 2020 年 6 月第 1 版
印　　次 / 2024 年 1 月第 5 次印刷
开　　本 / 880×1230　1/32
字　　数 / 128 千字
印　　张 / 7

书　　号 / ISBN 978-7-5496-3136-0
定　　价 / 38.00 元

序

遮在心上的乌云

城市里光鲜亮丽的职场精英，心里或许还住着一个小孩子，他自卑、孤独，有时候充满无助。他表面上看起来很坚强，其实这就是在保护自己。

贫寒家庭出来的孩子，就算以后生活无忧也会有一些忧虑，比如不敢随便花钱，还有的把钱藏在床底下发了霉。其实，这就是心理障碍，心里总觉得不踏实。

有些人内向、害羞，不敢说话。其实，这是孩子小时候家人不经常带他出去，怕这个怕那个，比如怕吹风感冒，总想着长大了再出去更安全。

后来孩子长大是长大了，可性格也孤僻了，怕见人，不敢与人交谈。这时候家长就会数落孩子，说："你这孩子怎么这么没出息？看到亲戚朋友要问候啊！"结果，这孩子越来越内向，在街上看到熟人就下意识地低头，装没看到，甚至故意绕着走。

很多人把成年之后的内向、自卑、孤独、社交障碍、情绪和性格问题，都归咎于自己。殊不知，这些问题或多或少跟童年时期的经历有着很大的关系：家庭环境，比如父母的恩爱程度；比如父母的教育方式及对儿童情绪的关注度……有些人可以被影响一阵子，而有些人能被影响一辈子，一直都摆脱不了童年阴影。

现在80后的父母几乎都信奉"棍棒底下出孝子"，80后从小被严格要求，有时配合一些体罚，甚至在公众场合就打骂教训，没有给过孩子一点儿尊重。

这样的童年，相信很多人都经历过。他们长大后就会变得性格孤僻，敏感多疑，怕别人在背后谈论他，或者缺乏自信，自我否定特别严重。

而90后呢，家长的教育理念变得不那么暴力，开始为孩子规划一切。但这类孩子大多会成长为"妈宝男"或"妈宝女"，就是指离了妈妈就陷入不能独自生活的状态。面对选择，他们变得越来越恐慌，甚至焦虑，最后形成一种病态。

00后的孩子，家长开始关注他们的童年了，从备孕开始，每个人的手里都捧着一本书，严格按照科学方法去养孩子。一旦孩子今天吃饭少了或者情绪不高，吓得家长赶紧去查书、翻资料，还咨询研究儿童心理学方面的专家。

现在，家长要注重对儿童心理的研究，特别是注重儿童心理的成长，自内而外地关注孩子的健康。

目录

第一篇

心理创伤与童年阴影

Part 1 黑色生命力——顽强的意志

一看到这个标题中含有"黑色"两个字，有些人会避之唯恐不及，甚至躲得远远的。

一般来说，黑色用在绘画、电影或文学作品中是渲染和烘托死亡或恐怖气氛的，代表未知的黑暗和无尽的恐惧。但在这里，"黑色"代表顽强、拼搏和砥砺前行的精神，是一种生命意志。

那么，什么样的生命力要用黑色来形容呢？或者说，我们可以把它当作创伤后的成长。但黑暗的世界谁不怕呢？比如，有的人连睡觉都不敢关灯！而拥有黑色生命力的孩子，会克服所经历的种种磨难，最后健康成长。

现在，我来讲一个真实的故事，这样家长朋友们更容易理解。

雷恩从小就生活在一个复杂的家庭环境里，他爸爸酗酒，经常夜不归宿，动不动就对他拳打脚踢。而他妈妈更是不管他，整天不顾家，行为举止也很放荡。父母的婚姻岌岌可危，三天一小吵，五天一大吵，每次吵架都弄得家里甚至邻里也鸡飞狗跳的。

在这样的环境下，所有亲戚都在背地里议论，雷恩这孩子长大后也一定会像他爸那样暴力、酗酒，一辈子完了。

但长大后的雷恩却让所有人大跌眼镜：他谦和有礼，谈吐优雅，从来不沾酒，还考上了大学，毕业后在一家会计师事务所工作。他在工作中做事严谨，备受领导关注，可以说是成功人士了。

很多学者认为，家庭环境对孩子的成长非常重要，家里有爱，爸爸妈妈互相尊重，孩子长大后也会充满阳光，尊重女性。再看那些有暴力倾向的男人，他一定有一个爱打老婆的爸爸，经常实施家暴，等他长大后就会如法炮制，甚至在施暴的过程中会出现快感。

再来分析雷恩。显而易见，按正常人的思维，雷恩成长在这样的家庭环境中，就算没走上犯罪的道路，也不应该变得那么成功啊！雷恩常年受爸爸的打骂，妈妈又是个老往外跑的女人，没有一点儿当母亲的温情，他的童年可算是没有一点儿温暖，他所处的成长环境甚至比孤儿还要悲惨。

当雷恩被打后，肉体的疼痛促使他本能地去找妈妈，可是在妈妈那里没能得到保护和安慰，反而看到了妈妈放荡不羁的一面。起先，他也陷入了一个死循环：我做错了什么，为什么爸爸总是打我？为什么妈妈不保护我？这几周我在学校都很乖啊，也很好地完成了作业，为什么还打我？到底怎么做才能不打我？

渐渐地，这种情绪成了习惯。这种情绪产生的时候，雷恩会难过、失落，在学校里就会出现孤僻、不合群的表现。

很多受到童年创伤的人会停留在情绪阶段，在不断的自我否定里挣扎，甚至把爸爸打他骂他、妈妈不保护不在乎他的情况，全都归咎在自己身上。越自我否定，结果越自闭，这样就形成了心理障碍。

但雷恩不只是停留在情绪阶段，他在这些坏情绪中反而安静、沉淀了下来。

这里说的情绪能力，不只是广义上的宽泛概念，而是更深入了一个层次：对情绪的理解能力和处理能力，也就是如何控制自己的坏情绪。

在经历了儿童期的心理创伤后，他们能够在负面情绪来临时积极地面对，与之做正面交锋——充分理解自己发出的不良情绪，并且做出准确分析，从而找到解决方法。

雷恩渐渐习惯了负面情绪，并且学会了在它来临时不至于手足无措。那么，理解了这种悲伤情绪后，雷恩是怎么做的呢？这就涉及了榜样的力量。

雷恩的叔叔不同于他爸爸。他爷爷也是一个有家庭暴力的人，不仅打老婆，气急的时候连孩子都打。他爸爸和他叔叔就是两个不同的例子，同样生活在有家庭暴力的环境里，他爸爸沿袭了他爷爷的做法，继续家暴，连酗酒都遗传了。而他叔叔就很正常，上大学以后就离开了家，毕业之后在妻子原籍的城市找了一份工作，生活虽然不是大富大贵，也是温馨舒适。

雷恩每次挨打，都会幻想自己长大以后的情景，憧憬和睦的家庭。然后，他催着自己要快快长大，像他叔叔一样离开家，走得远远的。

这就是情绪处理能力，可以说，雷恩很有效地控制了自己的坏情绪。

心理学家 Arous 曾经对经历过童年创伤的人进行观察研究发现，痛苦的人比快乐的人共情能力更强，更能真切地对他人的情绪感同身受。这可能是因为自己曾深刻体会过痛苦，对他人的痛苦有一种条件反射般的敏感。

雷恩没有像他爸爸那样继承了酗酒和暴力，而自己进入婚姻后，更尊重妻子，对孩子更和蔼，就是因为条件反射般的敏感——他童年受到了暴力的待遇，没有得到应有的关爱，等长大后见到妻子或孩子时，就会想到自己当年那些痛苦的回忆，他渴望有人来保护、来爱，所以，他要将这份缺失以另外一种方式补回来。

就像有些人小时候家里穷，吃不饱，穿不暖，每天挣扎在温饱线上，想买啥都没钱，想干啥都没条件。等他们结婚生子后，就会对自己的孩子加倍疼爱，好吃的、好玩的全都摆在孩子面前，给他们想要的一切，嘴上还说："我小时候没条件，现在条件好了，我要把最好的都给你。"

其实，这样做就是换了一种方式来填补自己童年的"物质创伤"。

再来说雷恩的案例，除了情绪认知，他还做了什么呢？那就是重新审视自己周围的环境，对这件事情做分析。用专业术语来说，就是积极的认知重评。

认知重评，是指针对已经发生的事件进行重新估量和理解，从而认知到这个事件对自己的影响，这样可以更好地降低情绪体验，减少情绪发生时的生理反应和交感神经系统的激活。

重新审视自己的情绪，有利于提高情绪管理能力，有利于人们的身心健康。

而积极的认知重评，则强调了"积极"这两个字，任何人任何事，只要与这两个字挂上钩，那就是头顶小太阳，走到哪儿都欢乐。

雷恩倒不至于欢乐，但他最起码不会陷入痛苦的旋涡中难以自拔，不会在被打骂后自怨自艾。他积极地寻找逃离原生家庭的方法，而那时他已经有了榜样，就是他叔叔。

这时候，他叔叔这个榜样的力量就发挥到了极致！雷恩的目标很明确，他不要像他爸爸那样暴力，而要像他叔叔那样离开家，找到真正属于自己的温暖。

那么，现在就差怎么去做了。对于孩子来说，唯一的出路就是好好读书，通过考大学来解决这个问题——同样是榜样的力量，他叔叔就是上大学之后，生活状况才慢慢变好的。

于是，雷恩便开始了疯狂地学习，他爸爸越打他，他就越努力，最后考上了加州的大学，离开了家，逃离了暴力之下的原生家庭。

以上案例，让人能很直观地感受到家庭环境对一个孩子的成长有多么的重要。

现实生活中，像雷恩和他叔叔那样的人有不少，经历如此灰暗的童年，能直面暴力，最终走出童年阴影，获得相对完满的未来。他们身上有一股力量和一种意志，有坚定的信念和穿越黑暗的勇气，这就是我说的黑色生命力——它可以穿透生活中的无助和低落，支撑一个人走向未来。

生活总有痛苦，总有不如意，怎么面对，怎么熬过，是最重要的。正如歌词中所写：阳光总在风雨后，请相信有彩虹。

说到这里，我们总结一下拥有黑色生命力的人都具有什么特点，他们都是怎么熬过人生的黑暗的。

拥有黑色生命力的人，一般都经历过痛苦、创伤，或在童年时期受到残酷的对待和伤害。但他们并没有屈服，而是从黑暗和逆境中度过并且成长，最后达到目标，重新获得幸福。他们拥有超强的毅力，心理承受能力强大，而且有很强的换位思考能力。

这样的人走过黑暗，度过绝境，能健康地"存活"下来就显得格外重要。

首先，要有控制和管理情绪的能力。

当悲观的情绪来临时，不能躲避，也不能忽视，要直面它、了解它，不能停留在"为什么是我""我永远都会这样了"，而是应该接受现实，然后去解决。

很多人知道自己有情绪问题，总是习惯性的悲观、无助，甚至自卑，他们把原因归咎于自己，把一切压力都扛在身上。

其实，有些人并不知道，长大后的这些小情绪跟童年时期经历过的事情有关。那么，既然知道了这些性格问题跟童年阴影有关，那就应该着手去攻克它！

其次，做积极的认知重评，对本我的生活状态进行梳理。

不想陷入自怨自艾的情绪里，就要积极地重新审视自己所在的生活环境，梳理自己的生活状态。因为这种负面情绪已经存在了，下面就要开始"认知重评"的过程。

进行认知重评需要往积极的方向发展，虽然身处的环境很恶劣，但心中一定要有一部分是充满阳光的。

最后，接纳现有的一切，对未来或者人生重新定位。

黑色生命力是有感染力的，它可以形成榜样的力量，促使人在身陷困境或情绪问题出现时给自己带来希望，也给周围的人带来修复童年创伤的勇气。

接纳现有的一切，对未来充满希望。

有黑色生命力的人是向阳而生的，他们治愈了痛苦的创伤，摆脱了童年阴影，在生活中砥砺前行。这是一种很强的生命力，值得所有人学习。

part 2　母亲的言行会影响孩子的一生

曾经热播的电视剧《少年派》中有一幕引人深思：期中考试后开家长会，钱三一的母亲裴女士姗姗来迟，并且是由校长亲自带到班级的。校长对裴女士格外重视，并请她谈谈教育经验。

我想，不仅是校长，其他家长同样会认为，钱三一之所以是所有人眼中的学霸，会成为中考状元，与他的家庭教育是分不开的。也就是说，一位母亲对孩子的影响是很大的，甚至是终生的。

裴女士的教育风格讨不讨孩子喜欢不好说，但她的教育成果很直观，钱三一就是个例子。从裴女士本身来看，她情绪稳定、生活自律，排除家庭因素，她完全是一位合格的母亲，将钱三一教育得很好。

但裴女士的教育方法也存在风险，电视剧里的镜头投射在她和钱三一身上时，让人总感觉有些压抑和克制，搞不好以后还会出现摩擦。但这都可以忽略，只一点，她全身心地投入到爱孩子的世界里，给钱三一提供一个相对好的学习环境，她就是成功的。

有人这样评论母亲的意义："民族之间的较量，就是母亲与母亲之间的较量。"还有一种说法："推动摇篮的手，也是推动世界的手。"

对此，我深以为然。

母亲是一个重要的家庭和社会角色，对孩子的成长起着至关重要的作用。对于孩子来说，特别是幼儿，母亲对他的影响很大，且深远——刚出生的宝宝就像一张白纸，而母亲在孩子的成长过程中参与得最多，她们言传身教，一点一滴影响着孩子的一言一行，一举一动。

母亲的素质决定孩子的品行，言行决定孩子的习惯，性格影响孩子的成长，态度影响孩子的学习。母亲在家庭教育中扮演着重要的角色，对孩子的影响也是一生的。

有人认为，母亲对婴儿期的宝宝影响最大，在生命被孕育的早期很容易形成心理创伤，更有甚者会形成童年阴影。

孩子越小，对抚育者特别是母亲的依赖性越强。一般来说，1~2 岁的婴儿是塑造安全感的最佳时期，在这期间如果能够得到母亲全方位的陪伴和守护，婴儿会拥有很强的安全感和幸福感，快乐基数也高。

然而，著名婴幼专家约翰·沃森说过："不要溺爱宝宝，不要在睡前亲吻他，正确的做法是弯下腰握握他的手，然后关灯离开。"很多教育学者认为这样更有利于建立孩子的独立性，让孩子更勇敢。

但有人认为，过早地让孩子学会独立，会使他们产生孤独感。

如果婴儿在孤独中成长，过早地独立入睡和自我安慰会伤害他们的心灵，那么他们会认为自己是孤立无援的。在他们的成长过程中，当处于人生的灰暗状态，甚至会不同程度地打击自信心。长大后就算工作顺心，夫妻和睦，家庭美满，也许也不会体会到真正的快乐。

我有一位长期参加心灵辅导课的朋友，在这里我叫她 T 姑娘，她的成长故事就印证了上一段话。

T 姑娘是 90 后，她父母摒弃了老一辈的育儿经验，深谙新型育儿方法。

为了让女儿在起跑线上的卡点更好，培养她独立的性格和勇敢的品质，父母不再用"抱在怀里哄睡觉"的方法，改用"在独立的婴儿床睡觉"的方法，不陪伴，培养她独立睡觉。

在 T 姑娘的记忆里，婴儿的法宝"哭"在她身上从未奏效过，从小自己睡，睡在黑暗无声的屋子里，醒来时身边也没有妈妈。

渐渐地，T 姑娘变得敏感脆弱，没有安全感，甚至一闭上眼睛就害怕——她害怕黑暗，恐惧一个人待着。但她不能说，什么也做不了，只能独自安抚自己的心，默默舔舐伤口。后来，她变得越来越沉默，甚至有些孤独。

但奇怪的是，T 姑娘的母亲没有意识到事情的严重性，还在沾沾自喜，觉得效果很好。

T 姑娘非常独立，成长得很好，顺利考上了大学，毕业后找到了安稳的工作，过上了幸福的生活。但母亲并不知道女儿的心里正在承受痛苦和煎熬，就算结婚之后有了伴侣也没有感到幸福和快乐，一切都是淡淡的，疏离的。

T姑娘开始看心理医生，参加心灵辅导班，试图克服自己的恐惧心理。

童年时期受的伤是永远存在的，虽然伤口已经愈合，但疤痕还在，平时隐藏了起来，可一旦浮现，便是无法触碰的死结。

正因为这种"冰冷"的育儿理念被质疑，美国著名心理学家哈里·哈洛利用恒河猴做了一个实验，这就是著名的"哈洛猴子实验"。

哈洛和他的助手找到很多恒河猴，据说这种恒河猴94%的基因与人类相同。

他们将刚出生不久的幼猴从母猴身边抱走，让它们分离，然后用铁丝制作了两只假的母猴子，一只露出铁丝，一只用绒布包裹。

他们在两只假母猴的身体里存放一只用来供暖的灯泡，给幼猴提供一个温暖的生活环境，假母猴的胸前还挂着奶瓶，等待给幼猴哺乳。

紧接着，哈洛将这些幼猴分成两组，铁母猴喂养一组，布母猴喂养一组。

五个月后，哈洛发现幼猴喜欢跟布母猴生活，与它的相处时间长；由铁母猴喂养的幼猴只有吃奶时才会靠近，其他时间都跟布母猴喂养的幼猴在一起。

如果笼子里出现了令幼猴惧怕的玩具熊，幼猴会扑向布母猴的怀里寻求守护和安慰。在这种情况下，幼猴还是会远离铁母猴。

接下来，哈洛设置了三种情况：第一是将幼猴和布母猴关在一起，第二是将幼猴和铁母猴关在一起，第三是让幼猴单独待在笼子里。

接着，哈洛在笼子里放了很多物品，通过观察发现，这些幼猴只有跟布母猴在一起时才会去拿这些物品，然后很迅速地回到布母猴身边。而在铁母猴和只有幼猴在的笼子里，幼猴就会变得躁动不安，焦虑害怕。

哈洛猴子实验告诉我们，铁母猴和布母猴都可以提供食物，但幼猴没有生活在温暖和爱的环境中，铁母猴没有给幼猴抚摸和安慰。所以，当幼猴恐惧时会第一时间回到布母猴身边，并且会以布母猴为中心去活动和探索，这就是幼猴对母猴的依赖。

由此可以看出，母亲对一个孩子的影响是巨大的，从婴儿时期到成年，这种影响一直都在，从未走远。

《知否知否应是绿肥红瘦》热播后，很多人在讨论剧中不同母亲对孩子的影响。德国哲学家雅斯贝尔斯曾经说过："真正的教育，是一棵树摇动另一棵树，一朵云推动另一朵云，一个灵魂唤醒另一个灵魂。"

孩子是父母的影子，从一个孩子身上可以看出他背后家庭的氛围，父母的品性。母亲对孩子的影响深刻，子女长大成人后，往往会用儿时的世界观和人生观面对生活。

现在有很多人或许会像 T 姑娘这样，明明生活在繁华世界，拥有幸福生活，但骨子里却孤独冷漠，对生活热爱不起来；也有人会害怕黑暗，晚上睡觉不敢关灯，恐惧感爆棚，整夜做噩梦；也有人举止行为很怪，不爱说话，或者粗鄙易怒，最后活成自己都不想成为的人……

自怨自艾或是甘于现状都是不可取的，但这些都不是我们的错，我们要做的是积极面对，做心理调节，然后改变，很好地认识自己，跟过去握手言和。

生命是一个轮回，生与死向来离得很近。

昔日的小姑娘终有一天会成为人母，或许在那个时刻，她会把自己受的伤和吃的苦都默默吞下，给孩子一个温暖和平安的童年，守着孩子，也守着自己的心。

做一个温柔的母亲，守护孩子的心。

母亲的影响力如此惊人，那么该如何去做一位合格的母亲呢？

首先，在孩子刚出生时给予陪伴。

在保证自己身心健康的前提下养育孩子，特别是在孩子 1~2 岁的时候，给予关爱和温暖，塑造孩子的安全感和幸福感。

其次，言传身教很重要，用自己的实际行动影响孩子的成长。

母亲本身是励志的、勤奋的，有自己的事业，与孩子一起成长。比如，你想要提高孩子的阅读量，让孩子爱看书，那么你也要在业余时间多看书、多学习，跟孩子多探讨，用行动感染和影响孩子。

然后，信任和宽容，爱和希望。

孩子在成长的过程中总会遇到各种问题，出现过失或错误。出现这样的问题后，母亲既不能情绪失控，也不能听之任之，要学会用宽容的心看待问题，给予孩子信任和爱，慢慢地引导和帮助孩子。

母亲要与孩子建立一条信任的纽带，给他希望和爱，让他健康成长。

最后，调整好自己的心态和情绪，做一位温柔、健康的母亲。

现代社会压力很大，特别是女性，成为母亲后面对的压力接踵而来，这时候首先要保证自身的身心健康，及时调节，增强抗压能力，毕竟，一位健康的母亲才能培养出一个健康的孩子。

控制自己的心情，把自己的坏情绪赶走，做一个内心富足的女人，让孩子拥有温柔和健康的母爱。

Part 3　"孟母三迁"的现代启示

越来越多的学者认为，人文环境和生活环境对一个人品格和习惯的塑造有着至关重要的作用。

童年的生活和学习环境，父母的性格和引导，以及同龄人的熏陶，孩子在耳濡目染之后很容易形成习惯，然后影响自己的性格，继而可以关联到人生观和价值观的塑造及对未来产生影响。

这就是说，在成长过程中遇到的人、接触的事、感知到的环境，都会对一个人的未来产生深远影响。

这一观点早在古代就被证实了，《三字经》中有记载："昔孟母，择邻处。""孟母三迁"这个典故就出自于此。

这样的观念早在春秋战国时期就已经有了，说明周围的环境对一个孩子成长的影响很大。人在孩童时期心智不成熟，思想不稳定，这时候很容易受到外界的影响——一句话，甚至一个动作，都会让孩子产生兴趣，进而进行模仿。

环境对一个人的影响是潜移默化的，这种力量足以改变一个人的一生。

战国时期，鲁国境内有一位大学问家孟轲，也就是孟子。他3岁丧父，由孟母抚养长大。孩童时代的孟子就有了很高的模仿天赋，学习能力很强。

起先，他们居住的地方靠近坟地，孟子常见人砌坟、祭祀，时间久了，他耳濡目染，竟也学会了筑坟和哭祭。他将这件事当作游戏，学得像模像样。孟母深觉这样不妥，对孩子今后的发展无益，因此将家迁至闹市。

到了闹市，孟子整日观察商贩屠夫，受此影响，他就学会了做生意叫卖和杀猪。孟母觉得这个环境也不好，不利于孩子的学习和生活，于是再次搬迁。

最后，孟母将家搬到学堂附近，孟子学会了鞠躬拜礼，人也恭顺谦和了许多。孟母认为这个环境才是有利于孩子成长和学习的，于是在此定居下来。

环境的好坏会直接影响下一代的发展，孟母为了孟子的学业，择邻而处，再三更换居住地，就是为了给孟子提供一个利于学习和生活的环境。可以说，她是一位成功的母亲，责任心很强。同时也能看出儿童时期的教育很重要，在适当的环境下才能培养良好的习惯。

优良的环境可以造就人才，"孟母三迁"就是一个成功的案例。相反，环境粗鄙不堪，生活中经常充满暴力，那么必定会影响孩子的健康成长。

有人把孩子比喻成一张白纸，你给他阳光和快乐、鼓励和爱心，他就会用一张五彩斑斓的画回报你；你给他暴力和怒骂、悲观和消极，那么他也会沉浸在黑暗的深渊，整个世界变得暗无天日。

董华的父母常年在外打工，祖母年迈体弱，对他的关怀和看护不够，可以说他一直处在被放养的状态。

这个村有很多留守儿童，他们组成了一个小团队，逃学、打架、偷东西，一切按照小坏蛋的标准要求自己。等董华长到十几岁，父母意识到教育的重要性时已经晚了。

后来我们了解到，董华起先是一个有些内向和自卑的孩子，周围没有人关心他，所处的环境又很恶劣。比如邻居家的哥哥小肖是个十足的小混混，时常带着董华打架，久而久之，把董华给带坏了。

我们追溯到小肖的原生家庭，父母吵闹，与邻里不睦，从来不会心平气和地面对。他父亲只会用吵架和拳头解决问题，家里常常会因为很小的事吵得人仰马翻，一言不合就会选择暴力来处理问题。

小肖从小耳濡目染，受到父亲的影响，他甚至认为自己使用暴力是正确的，挥起拳头的瞬间简直帅爆了！

不要笑，这是事实。小肖被他父亲的行为干扰了，他不知道暴力是一种不能解决问题的错误方法。暴力伴随着他成长，长大后他又用暴力征服和影响身边的人，将错误的意识灌输给他人。

事实证明，拥有暴力阴影的童年注定是不幸的，自我救赎的过程很痛苦，道阻且长。

环境因素至关重要，人们在追求物质富足的基础上，越来越注重精神状态的健康。那么，人们对环境的关注度也在逐年增加，其中最显著的就是对学区房的追捧。

现代人对于学区房的追捧可谓达到了巅峰状态，归根结底，这跟孟母择邻而处有相似的深意。

有人做过一个调查，说是自己身边五个常联系的朋友的平均工资，就是你的收入水平。

我们不妨观察下身边的朋友，他们的能力和实力是否与自己势均力敌。再往深处挖掘还会发现，我们童年的生活环境、受到的教育水平，以及性格和谈吐都是类似的，甚至有重叠。

这就说明，现代人为孩子做好了万全的准备，从学区房就可以看出物质财富、精神文化、受教育程度及各个方面的集合。这相当于进行了一次聚集，印证了那句"物以类聚，人以群分"——家长为孩子挑选学区，购买学区房，正是现代版"孟母三迁"的写照。

随着时代的发展和社会的进步，人们对于孩子的教育投资占家庭支出的比例在逐年增长。

在胎教、早教、私立幼儿园、学区房等教育投资中，学区房的占比很高，越来越多的家长会尽自己最大的能力给孩子塑造一个相对舒适的学习和生活环境。

现代社会中，生活和工作的压力很大，当一个生命被孕育出来时，我们要见证他的奇迹，就要给他最好的物质条件和精神鼓励，呵护他的健康成长。

我们越来越确认，幸福的家庭环境会塑造孩子的性格，父母的智慧和眼界会决定孩子的高度，周围的环境会影响孩子的学习和成长。

这一切都是生活赋予我们的智慧，按照科学的方法养育下一代，让文明与文化得到传承，幸福当如是。

Part 4 童年阴影对婚姻的影响

童年时期的创伤对一个人的影响很大，它会让人挣扎在无边无际的黑暗中，渐渐地让人迷失生活的方向，徘徊在绝望的边缘。

童年受到的伤害和内心的痛苦会潜移默化，一点一滴都渗透在未来的生活中。家庭的幸福美满会影响孩子的健康成长，反之，会让孩子对家庭或婚姻充满恐惧和焦虑，甚至会复制父母失败的婚姻。

有人说，城市越大，单身男女的比例就越大。现在，越来越多的人选择单身，独自一个人面对生活的压力，这里面不乏等待真爱的人。但也有着这样的声音：他们害怕婚姻，甚至对婚姻充满恐惧，对未来没有安全感，拒绝谈论有关婚姻的任何话题。

我们深入研究就会发现，这些对婚姻充满焦虑和担忧的人，原生家庭中大多存在很多问题。

珍妮出生在美国南部的一个小乡村，从她开始记事起，父母就吵架。她父亲有家暴倾向，一言不合就会拳打脚踢，用暴力解决家庭当中的问题。

后来，她父亲在外面有了新欢，离婚前还把珍妮和她母亲打了一顿。她缩在母亲的怀抱里瑟瑟发抖，充满了恐惧。

珍妮小小年纪就对"婚姻"和"父亲"这两个字眼充满排斥感，这说明充满暴力和眼泪的家庭生活给她幼小的心灵留下了难以磨灭的伤疤。

20 年后，珍妮还是对婚姻充满恐惧，只要一看到有人结婚，她就会手心出汗、心跳加快。越是面对温馨幸福的场景，她的异常感就越明显。久而久之，她再也没去参加任何一位亲友的婚礼。

"我永远不会结婚了。"珍妮对心理医生说。婚姻于她，不是幸福和浪漫，而是暴力和吵闹；不是忠贞和美好，而是背叛和黑暗。

可以说，父母那段不幸的婚姻对珍妮来说是一个巨大的创伤，进而影响到她的婚姻观，她对婚姻和另一半不抱有希望，甚至不敢去想。

可见，珍妮父母不幸的婚姻对她的影响有多深远。

幸福的婚姻千差万别，不幸的婚姻具有可复制性。这一切都源于原生家庭的影响，有些影响点滴渗透，但最终往往会导致无力回天。

萧筱是个对婚姻充满期望的姑娘，走进婚姻生活后，对老公的关怀无微不至，从吃饭穿衣到工作，事无巨细，可以说老公的事情她都要管。

谁也没有料到，一年后她老公起诉离婚，净身出户。原本对婚姻充满希望和信心的她被打入谷底，自此一蹶不振。

离婚后，萧筱一直沉浸在失败的婚姻状态中不能自拔，一度自怨自艾，疑神疑鬼。最后，她还怀疑自己是否有继续生存的意义，于是，她选择了自杀。

好在邻居发现及时，将萧筱送进医院抢救了过来。不过，从此以后萧筱神情恍惚，精神低迷，害怕见人。心理医生确诊，萧筱这是创伤后应激障碍，需要帮助治疗调节。

创伤后应激障碍，简称 PTSD，究其根本，这跟萧筱那段失败的婚姻有关系。再通过深入研究，我们了解到了萧筱的童年及她的原生家庭。

心理学家认为，原生家庭对一个人的影响很深远，那些在童年时期发生过的事情往往会随着时间的推移而被渐渐忘却，但有些深入骨子的事却像钉子一样深深扎在心里，只要痕迹还在，伤痛就永远不能消失殆尽。

童年创伤变成阴影，伴着生活如影随形，永远摆脱不了。

萧筱的原生家庭很复杂，她母亲离婚后改嫁给了她现在的父亲，一年后有了她。

她母亲是一个控制欲很强的女人，就连她父亲在工作单位吃了几个水果都要追问到底。导火索是她母亲怀疑她父亲出轨，闹得人尽皆知，让她父亲颜面扫地，再也抬不起头来。最后，两人离婚，萧筱归她母亲抚养。

萧筱自小受她母亲的影响，也深知她母亲的做法不对，发誓绝不会跟她母亲一样两次婚姻都以失败告终。

但历史总是惊人的相似，失败的婚姻具有可复制性。

萧筱复制了她母亲的控制欲，那是骨子里带来的影响，控制不住地去管自己的丈夫，越压抑就越变本加厉。结果，跟她母亲一样，她的婚姻也是失败的。

生活中有太多这样的例子。

有人想要一段完美的婚姻，生活幸福，充满正能量。事实上，被原生家庭影响的人最后都会重蹈覆辙，这是因为童年创伤后留下了阴影。这个阴影会持续影响到你的未来，甚至影响到下一代。

父母的婚姻状态健康快乐，家庭氛围和谐温暖，孩子也会拥有正确的婚姻观，充满自信，精神富足。反之，就会影响孩子的健康成长，给未来带来不可期的遗憾。

既然原生家庭的婚姻状态对一个人的影响如此深远，那么，父母婚姻不顺的孩子就绝对不会重获幸福了吗？

答案是否定的。

很多案例告诉我们，对婚姻有阴影的人只要敢于正视过去，与原生家庭和解，摒弃不幸的婚姻状态，未来一定是和顺美满的。

下面几点，你要学习到：

首先，要学会面对自己的内心。

正视童年时期的创伤，不要造成创伤后应激障碍，学会与自己的过去和解。从成年人的角度去看待原生家庭的婚姻状态，可以配合心理医生做催眠治疗，拥抱童年时期的自己。

其次，榜样的力量不容忽视。

在逆境中砥砺前行的孩子身上会透出一种历久弥新的勇气和力量，虽然内心深处柔软脆弱，但只要坚守自己的信仰，找到身边拥有幸福婚姻的榜样，按照既定的目标和方向走进婚姻，那么一定会赶走童年时期的阴影，重获新生。

再次，增强学习能力，培养良好的习惯，注意情绪管理。

走进婚姻生活的人，或多或少都会将原生家庭的习惯融入新生家庭。行为心理学上有一种说法，习惯是人的第二天性。

原生家庭对婚姻的影响可以说是根深蒂固的，所以，一旦意识到原生家庭对自己的婚姻有了影响，是不对的，那么就要有意识地去学习如何正确处理婚姻关系，学会管理自己的情绪，用新的方式去处理遇到的问题。

婚姻中，两性结合是一个新的开始，也是培养新的习惯最好的开始。

最后，树立正确的恋爱观和婚姻观，对未来充满希望。

随着年龄的增长，心理成熟度和应对挑战的能力会不断上升，对婚姻也会有越来越成熟的见解。

未来充满无限的可能，要相信，我们面对的一切都是充满阳光的，幸福就在我们身边。

第二篇

抑郁的小神经，
怎么也躲不掉

Part 1　抑郁的那几年

"我已经很久没笑了。不知道从什么时候起，我对工作和生活都没了兴趣，做什么都提不起兴致，就连最喜欢的篮球都丧失了动力，甚至觉得呼吸都是多余的。渐渐地，我丧失了所有的兴趣，没有任何喜怒哀乐，不再相信自己还会快乐起来。"

"我站在阳台上看着马路上飞驰的汽车，心想着，只有跳下去才能解脱。没有人理解我，更没有人爱我，我是一个多余的人。"

"身边的人都在看我，他们都看不起我，觉得我没用，我甚至觉得他们在背后议论我。他们觉得只是一个简单不过的玩笑，在我这里却是天大的事情。我好想把自己装在壳子里，一动不动，只有躲起来才没有人再来伤害我。"

"起先，我也不是睡不着，只是入睡困难，脑袋里装满了琐事。明天早会一定要强调公司下发的规定，10点之前销售报表要给经理发过去，10点半还有营销会，讨论店庆的事。最近婆婆总是忘记关煤气，今天做完饭关了吧……后来，我整夜整夜地焦虑、失眠，再也睡不着，有时会睁眼到天亮。夜实在太漫长了，真想从 30 楼跳下去，一切就会解脱了吧？"

抑郁症患者起先也不知道自己患了心理疾病，很多人又把抑郁症简称为精神病，对这个病症的认知度普遍不高。

现代社会压力很大，对每个人情绪的把控能力也在不断地提出考验——有时只是一件微不足道的小事就会引起轩然大波，宛如烈火般四处蔓延，挑动那脆弱的神经。然而，我们了解的只是其中的一小部分。

与抑郁症抗争的那段日子，可以说是真正的"光辉岁月"。抗争这个词充满了斗志，昂扬向上，虽然难熬，但终会过去。

这段时间应该是被关在黑屋子里的几年，整个世界都是黑暗的，黑屋子就像是一个保护壳，稍有些风吹草动便缩进去再也不出来。抑郁症的小邪风一旦吹入，就很难拔除，悲观和负面情绪源源不断地涌入，攻城略地，不费吹灰之力。

杰瑞是个表现不错的男孩子，学习成绩斐然，又是学生会成员，平时虽然话不多，但乐于助人，同学们对他的评价也很高。

可就是这样一个好学生，在大四毕业的时候突然像是变了一个人，在招聘会现场变得情绪失控，号啕大哭起来。

细问之下才知道，杰瑞被谈了4年的女朋友甩了，投简历也是四处碰壁，整个人就有些神情恍惚。不过，压倒他的最后一根稻草是面试主管一句再简单不过的话："来应聘也不穿一件像样的衣服。"

杰瑞觉得自己的人格受到了羞辱，面试主管对他品头论足看不起他，还用鄙夷的眼神打量他。他受不了这样的打击，当场情绪激动，狠狠地拍了一下桌子。

周围原本也有应聘人员在低声交谈，此时一下子变得安静了，他们都在看着杰瑞，眼光将他密不透风地围了起来。他受不了了，再也受不了了，蹲在地上大哭起来。

事后，杰瑞彻底消沉了，他整日待在房间里，坐在床上一动不动，不吃饭也不睡觉，睁眼到天亮。最后，他拿起刮胡刀片划向自己的手腕……

还好，同杰瑞合租的室友听见声响将他送到医院，因为抢救及时，他被救回来了。医生诊断他得了抑郁症，需要到精神诊室接受治疗。

杰瑞一直不说话，意志消沉，头顶上仿佛有一团黑压压的乌云笼罩着他的全身，让他看不到一丝光亮。他就像被关在笼子里，自己出不来，别人也进不去。快乐的情绪和健康的思维都锁在黑暗里，只有消极思想和负面情绪源源不断地闯进来，他的心像是无底洞一般咀嚼和吸收着这些，然后变得越来越消极，越来越抑郁。

后来，医生了解到一件事，在杰瑞 5 岁的时候父母离异，又各自组建了家庭，他是爷爷抚养大的。可在他 10 岁那年爷爷去世了，葬礼上，小杰瑞跪在爷爷身旁静静地看着他，从始至终一滴眼泪都没有流。

周围渐渐有了骂小杰瑞的声音，说他是白眼狼，爷爷养了他这么久他竟然不哭，真是没良心。诸如此类的话一直跟随着小杰瑞，亲戚只要一看见他，就要声讨一番。那段时间，小杰瑞一直有些低沉和消极，开始变得不爱说话，他越来越觉得自己是被抛弃的一个，是多余的，这种想法在他的思维中根深蒂固。

那时杰瑞年纪小，不会调整自己的思维和情绪，身边又没有人关心宽慰。但好在爷爷临终前给他留下一块怀表，每当他觉得消沉低落时就会拿出来看，心想着爷爷还在，他也不是孤单一人。

杰瑞终于长大了，但被女朋友抛弃后，接二连三在工作上面碰壁，他就被心底的最后一根稻草压倒了。

抑郁症一旦上了身，就很难自己挣脱出来。他们被关在黑屋子里，眼睛和心都看不到光明，自顾地沉浸在狭小的世界里，天是黑的，地是黑的，就连周围的墙都是黑的，安全感已经不复存在，然后情绪下沉、低落，陷到尘埃中。

人生不如意之事十之八九，一帆风顺的人生很少，总会有些苦难和折磨，遇到或多或少的打击和创伤，留下或轻或重的阴影。

如果一个人经常被打击，创伤接二连三地出现，自己本身不会控制和管理情绪走出消极和低落，又没有人积极地引导和帮助，那么就会留下阴影。

就像小杰瑞，父母离异各自组建家庭，抚养他的爷爷去世，被亲戚骂成白眼狼，给他的童年留下了很深的阴影和创伤，这也为他以后进入社会埋下了一颗定时炸弹。长大后的杰瑞被女朋友抛弃，找工作屡屡碰壁，再加上身边人的闲言碎语，积压了多年的负面情绪一下子爆炸，不可收拾。

很多人将那些解释不通的心理疾病，统称为精神病。随着社会的发展和进步，抑郁症也被提上了学术研究的课题，越来越多的人开始正视这类病症，再也没有人讳疾忌医。

也许与抑郁的小情绪抗争时会很难，但突破了那个关口，从笼子里挣脱束缚，推开小黑屋的大门，你会发现原来太阳早就升起，春的脚步已经近了。

所谓光辉岁月，就是那段与病魔抗争的日子，那种勇敢深入骨髓，毅力遍布周身，快乐的情绪到来的那一刻，你会觉得未来可期，生活美好，现世安稳。

愿有岁月可回首，见证生命的奇迹，印证那段光辉岁月。

part 2　病因与童年有关

很多人认为抑郁症是一种神秘的病症，因为不了解，中间隔着千层纱，难免会对患者产生异样的眼光。

西方国家对于抑郁症的研究较早，熟识度较高，他们将抑郁症称为人类心灵上的感冒。

感冒这个词大家都不陌生，每个人都会经历这种病症。人吃五谷杂粮，难免会生病，感冒便是最常见的一种病，很多人都司空见惯。而抑郁症则是心灵上的感冒，只要将它看作是一种普通的病，认真对待，积极治疗，那么战胜它也指日可待。

随着时代的发展，当今社会压力无处不在，有学者研究表明，抑郁症将成为仅次于冠心病的病症，发病率在逐年增加。诱发抑郁症的病因有很多，但究其本源，最重要的一点病因跟童年阴影有关，这两者之间有着千丝万缕的联系。

心理学家指出，拥有童年阴影的人长大后，他们处理压力和重大创伤的能力较低，这些人在面临生活巨变和重大事故后更不容易从低谷走出来，情绪持续低落甚至失控。

在充满活力和关爱的家庭中长大，没有经历童年创伤，不曾留下童年阴影的人，他们的抗压性强，更加有勇气和力量去面对生活中的挫折和坎坷。他们拥有积极的心态，会正面应对各种困难。

因此，拥有童年阴影的人患抑郁症的可能性更高。

刘洁最近的睡眠质量更加糟糕了，整夜难眠，精神低迷，做什么事都提不起兴致，甚至觉得吃饭都很麻烦，每天满脑子想的都是乱七八糟的东西。她在网上求助心理医生，将藏在心底的秘密说了出来。

在刘洁的眼里，她爸爸就是以暴力形象出现的。

在童年时期，刘洁对她爸爸的记忆就是任意打骂她妈妈，每次家里发生暴力事件，她都躲在黑暗的大衣柜里蜷缩成一团哭。在她9岁的时候，她妈妈心脏病突发去世了。不到半年，她爸爸再婚，她有了个后妈。后妈的脾气很古怪，对她时好时坏，又很吝啬。

她爸爸一生当中没做过什么正经事，吃喝嫖赌，打架斗殴，根本不顾家。爸爸不在家，后妈有时就会拿她出气，把她关在昏暗潮湿的厕所里不给饭吃。

刘洁在17岁时自杀过一次，但那时她有些恐惧，伤口割得不深，流了点血。她怕爸爸和后妈打骂，就自己去诊所包扎了一下。

长大后，刘洁离开家，离开了原生家庭，想要新的开始。但工作上受到同事排挤，最近又被男友抛弃，她隐藏在骨子里的自卑感翻涌而出，一发不可收拾。她知道自己现在的状态不对，但是又不知道该怎么办。

从刘洁的经历和现状来看，她现在极度自卑，缺乏自信，内心无助和绝望，对生活充满抵触，甚至有自杀倾向。

这说明刘洁患上了抑郁症，但不是重度抑郁症，她现在还能意识到自己的状态不正常，也能主动联系心理医生。在这种情形下，刘洁必须借助科学的方法去改善自己的状态，配合心理医生去治愈抑郁症。

从刘洁的自述来看，她患抑郁症的病因与童年时期遭遇的事情有关。那些童年回忆就像影子一样伴随着她长大，阴影腐烂变质深深地刻在心底，稍有不慎就倾泻而出，造成心灵的"感冒"。

心理学家认为，童年的经历对一个人一生的成长和发展至关重要。如果一个人的童年不是生活在一个充满爱和幸福且安全感十足的环境下，那么，这个人成年后一旦遇到重大挫折就会崩溃。

刘洁的整个童年时期都是生活在充满暴力和缺爱的环境下，生活环境留给她的童年记忆是黑暗和绝望，极度敏感和脆弱——情感和爱的缺失造成她极度缺乏安全感，心灵的孤独和空虚让她敏感和自卑。所以，长大后面对工作的失利、恋爱的失败，她很容易被打击得遍体鳞伤，这些都是童年阴影带给她的痛苦。

这些童年阴影，就像恶性肿瘤偷偷潜伏在身体里，在阴暗的角落里长年累月地吞噬着一个人的精力和能量，等到时机成熟就会将病毒蔓延开来，将身心健康消耗殆尽，只留下阴沉、低落、绝望和痛苦。

抑郁的情绪如果一直存在，症状就会越来越严重，最终导致心力交瘁。

刘洁对工作缺乏兴趣，处理不好人际关系；恋爱关系也没有理顺，时常悲观、痛苦和绝望。

我们既然找到了刘洁"感冒"的缘由，那么对症下药就可以解决问题了。她对自己的状况也有一定的了解，很配合心理医生的治疗。

所谓心病还需心药医，这句古话很有道理。

孩童的心灵是娇弱的花朵，小小的心灵承受不了那么多的痛苦和黑暗。彼时年纪尚小，大脑发育不健全，一旦受到刺激就会泛化。

心理学上的泛化，是指当某种行为或心理和某种刺激结合在一起，有了关联后，当出现其他相似的刺激源时，就会形成条件反射，出现类似的反应，这就形成泛化了。

举个简单的例子，一个人如果被蛇咬过，那么他以后看到草绳都会害怕，那句"一朝被蛇咬，十年怕井绳"就是这个道理。

如果一个人在小时候犯了错误就被关在黑屋子里，那么他长大后就会怕黑，或者怕坐电梯，严重的还会形成幽闭空间恐惧症。由此看来，保护儿童幼小的心灵非常重要。

治愈抑郁症要充分发挥主观能动性，有意识地去直面现实生活中的坎坷和磨难，将童年阴影这颗毒瘤挑破，从根本上解决问题，勇敢地面对，自信地生活。

Part 3 逃出小黑屋，走向人生巅峰

同事孙姐在三个月前接到人事部调令，被任命为女装部门经理，负责女装部门的一切事务。

当时女装营销部的压力很大，要协调处理与供应商的谈判，想着提高销售业绩，管理一个部门众多职员的工作，方方面面都需要营销领导去沟通和解决。

孙姐是个责任心很强的职场女性，升职为经理后对待工作更加认真。可是没过一个月，她便向公司提出休假，原因是治病。

据孙姐后来讲述，那段时间她很不好，她清楚地知道自己的心理出了问题，情绪波动大，时常焦虑、不安、低沉。

刚开始公司事务繁忙，因为职业习惯，她将所有未做完的工作都压在心底，总是易怒烦躁。渐渐地，晚上她开始入睡困难，失眠多梦，或整宿都睡不着。后来，她的记忆力开始衰退，总是恶心，神情恍惚，连门都不愿意出，不想见人，不想说话，甚至连呼吸都觉得累，做什么都提不起兴趣。

负面情绪仿佛是一个无比巨大的黑洞，吸光了孙姐身体里所有的正能量和快乐，压在心底的绝望和悲观情绪统统翻涌而来，包裹着她的全身。这种感觉就像是溺水，绝望和无助淹没她的自由，痛苦和无奈限制她的呼吸——快乐是别人的，她什么都没有。

抑郁这种难以搞定的情绪一旦出现，就应该及时治疗，防止演变成抑郁症，要让它止于轻度，不蔓延成重度。

那么，该怎么做才能赶走抑郁的小神经呢？

第一，发现并正视抑郁症，配合医生全面治疗。

美国一家心理卫生研究所发现，成年人的抑郁症发病率很高，在 100 个人里就有 7 个人受到抑郁症的困扰，这就说明发病率在 7%。

很多人在出现抑郁症状的初期没有正确对待，甚至刻意忽略。周围的人对抑郁症患者的异常表现表示不理解，就把抑郁看作是棘手的问题，敬而远之，不给予关心和开解，会导致患者的病情越来越严重。

出现抑郁症状，不要自怨自艾，要根据抑郁的轻重对症下药，及时与心理医生沟通和交流，将药物治疗和心理疏导配合起来共同进行。

患者本身也需要主动配合，认真对待生活，遵循医嘱。

第二，找到诱发抑郁症的原因，对症下药，减轻复发的几率。

有人对抑郁症患者进行过追踪调查，结果显示 75% 到 80% 的患者会病情反复。抑郁症复发几率如此之大，因此对患者的预防治疗也势在必行，要做到事前防范和事后跟踪，定期复查，调节心情。

案例中的孙姐在治疗抑郁症时，心理医生充分了解了她的家庭和童年生活。

孙姐在童年时期受到严苛的对待，家长对她的学习和生活把控严格，她没有自主权和选择权，小小年纪心理压力就很大，心弦一直处于紧绷状态，这导致她经常压抑自己的本性和感情。长大后面对更多的压力，她的身体和心理终于承受不住，严重地爆发了出来。

心理医生通过引导孙姐对童年的回忆，观察她的成长经历，发现她患抑郁症的根本原因，又了解到她现阶段的工作压力，最终结合药物治疗，慢慢疏导她的心情，引导她从抑郁的小黑屋走出来。

第三，催眠法结合家庭治疗。倾听患者心底的声音，用疏导和陪伴增强其免疫力，用爱去温暖其冰冷的心。

对于抑郁症患者来说，患病期间是很痛苦的，要承受身体上的不适和精神上的负担。

而对于患者家属来说，陪伴患者的治疗过程也是一种挑战。患者就好像是孤独星球上的一粒尘埃，周围都是虚空的，只有他自己蜷缩在阴暗的角落。此时，家属耐心的陪伴和鼓励，才可以让患者找到坚持抵抗病魔的信心。

催眠法可以让患者放开心扉，释放内心深处的痛苦，这就要求家属协助医生找到抑郁的症结所在。家属需要用爱和关怀温暖患者的心灵，耐心地去倾听患者心底的声音，让患者被温柔以待。

其实，很多抑郁症患者在患病期间是很敏感的，心灵比常人难以想象的脆弱，对外界的声音和行为的理解会放大，常常向负面方向发展。

这时候，需要家属更多的理解，倾听患者内心的声音和想法，知道患者内心深处的疼痛和压力，让患者感受到大家的关心和理解。

第四，培养患者的兴趣，让患者做自己喜欢做的事，感受到自己是被需要的。

抑郁症患者最忌讳的就是停止不动，对万事万物甚至是呼吸都提不起兴致。这时，家属要鼓励患者多出去走走，将从前感兴趣的事情提上日程，培养兴趣和爱好，比如插花、画画、饮茶。还要让患者体会到自己是被需要的一方，在生活中不可或缺。

有些患者将自己的身心禁锢在孤独的空间，主观上不想走出去，就想要一个人独处。

患者本身不想走出去，外面的人也进不来。这时候，家属帮助患者循序渐进地接触社会活动，陪伴他外出做一些集体活动，如跟一些朋友简单地聚会和聊天，再渐渐地参加多人活动，让患者逐渐快乐起来。

最后，用快乐和阳光去挤走悲观情绪，增强抗压能力，保护自己的内心，与过去告别，与自己和解。

抑郁症患者的自信心在不断缺失，自信在他们的患病过程中渐行渐远。

　　要改善这种状况，就需要家属帮助患者重拾信心，订立小目标，逐渐让患者对生活充满信心，觉得未来是美好的——激励患者重新对自己充满期待，激起对现实的热爱和向往。

　　世界那么大，别总待在小黑屋里，走出去，看看这个美丽的世界。

Part 4　花开了，我却什么都看不见

　　看了电视剧《小欢喜》后，"乔英子患上抑郁症"曾经上了微博热搜。该条热搜在微博热搜榜上排名第六，网友对于"乔英子患上抑郁症要跳海"这段戏纷纷表示心疼。

　　原本活泼开朗、积极乐观的乔英子，随着剧情的推动，她变得情绪低落，严重失眠，甚至有了自杀的念头。

　　乔英子情绪失控，几乎是歇斯底里地朝着父母大喊："我也不知道自己是怎么了，我已经34天没睡觉了，我就是想逃走。我以为到了深圳看到星星了就会高兴，可是我一

点儿都开心不起来。"

"对不起，是我没有做好你们的女儿，是我没有变成你们心里想要的样子。"

乔英子这是在嘶喊心中积压已久的情绪，也是在倾诉内心的崩溃。网友直呼心疼，认为乔英子太可怜，她母亲对她的管控太严。

《小欢喜》的核心内容将焦点聚集在青少年的心理疾病，内容发人深省，这对家长也有警醒作用，提醒家长要关注青少年的心理健康。

剧中，宋倩在乔英子被确诊为中度抑郁时，她很担心，并且追问医生这孩子是怎么得的这种病。她完全没有意识到，家长的行为和情绪足以影响孩子的身心健康——她与丈夫关系不好而离异，对乔英子的管教很严苛，太过紧张，自己的情绪也崩在临界点，会随时爆发。

有一名网友也看过《小欢喜》，在微博上说，她对乔英子的处境很关心，也很心疼。她知道那种感受是怎样的，因为她曾经也差点得了抑郁症。

这名网友在高考倒计时 200 多天时心率不稳，失眠且情绪低落，情绪不稳定就很容易大哭。她去看了医生，被确诊为焦虑症，需要调节心情，不能有太大的压力。

她的压力感不是来自家人，而是来自自己——她想要高考取得好成绩，就自己给自己施压。等到了高考前一个月时，她的模拟成绩一次比一次低，名次从年级 30 多名掉到 100 名开外。

她崩溃了，开始整夜整夜睡不着，大把大把地掉头发，一个人独处时总是大哭。那时她感觉自己完了，甚至有过轻生的念头。

幸好，她有个理解她的好妈妈。妈妈给她支持和鼓励，耐心地开导她，在高三如此重要和紧张的关头还能带她出去散心。妈妈说过这样一句话让她终生难忘："比起让你名列前茅，我更想要一个和以前一样活泼开朗的女儿。"

通过对这两个案例的研究，我们可以看到妈妈在整个事件中起的作用非常重要。英子妈不尊重孩子的意见，忽略孩子的想法，简直就是独裁者——她管控着英子的一切，事无大小全部听她定夺，让英子备感压力，最后深陷抑郁症的泥潭，痛苦地挣扎着。

而这名网友妈以孩子为中心，尊重孩子的选择，给孩子支持和鼓励，让孩子知道妈妈就是坚实的后盾——妈妈清楚地知道，女儿的健康成长、快乐幸福才是最重要的。

不得不说，这两位妈妈都是爱孩子的，都是为了孩子的未来着想。但英子妈的做法未免太过严苛，在不自知的情况下走入了教育黑洞。

　　首先，英子妈忽略了孩子的情绪，没有及时发现孩子的情绪出了问题，只是一刀切式地否定孩子的选择，长时间给孩子施加压力，将自己紧绷的心态传递给了孩子。

　　其次，英子妈拒绝双向沟通，不能通过良好的交流去了解孩子的内心，总是独自承受压力，给孩子带来紧张感和焦虑感。

　　最后，也是最重要的一点，英子妈不尊重孩子的选择，过分干涉孩子的自由，完全没有意识到孩子已经长大了，需要独立的空间，可以做出人生重要的选择。

　　家庭环境和母亲的性格影响了乔英子的健康成长，她在这样的环境下还保持了活泼开朗的性格着实难得，这表明她的抗压性很强。

　　但是，最后她还是被抑郁症缠上了，这与她的成长环境有着紧密的联系。或许，她一直是在用快乐挤走压力，用活泼赶走低落。

　　不过，好在一切都在朝着好的方向发展。经过"跳海"事件，英子妈应该能重新审视自己的教育方式，积极引导英子走出抑郁症的小黑屋。

　　研究表明，目前青少年患抑郁症已经引起家长和医生的广泛重视。

　　心理学研究者认为，要重视青少年的心理健康问题。一位研究精神领域的教授也说过，要有效控制青少年患上抑郁症，否则后果堪忧——它会影响一个人的未来，甚至是一个家庭的幸福。

青少年患抑郁症大多源于学业的压力，中考、高考最为严重。除此之外，家庭因素也影响青少年的心理健康，比如父母的离异或死亡。

青少年在青春期遭到重创，目睹暴力或血腥事件，身体出现问题，或人际关系不好，被孤立等情况都会影响他们的健康成长，不利于塑造坚强、乐观、自信的性格。

同学 G 在高三时曾被抑郁症困扰。

G 的父母常年外出打工，他从小是被奶奶抚养长大的。奶奶的身体一直很好，谁料一场大病夺走了她的生命，他沉浸在悲痛里不能自已。

再加上高三学习压力大，他的身体吃不消，起先是在上自习课时晕倒，接着就开始食欲不振，身体快速消瘦，然后失眠多梦，甚至开始出现幻觉。后来他开始不出门，整天把自己关在屋子里。

经过班主任的开导，他愿意接受治疗，去见心理医生，心理医生诊断他为轻度抑郁症。

好在那时他父母回来了，重新给了他家庭的温暖。班主任和同学们也尽心引导他，跟他多交流，给他补课，最后他顺利地参加了高考。

我想表达的是，抑郁症并不可怕，可怕的是人心。心若处在痛苦中，躲在黑暗里不想走出去，也不让别人走进来，那才是真正黑暗的开始。只有勇敢面对，迈出第一步，那么战胜它、赶走它，就只是时间问题了。

最后，借用普希金的一首诗来收尾："假如生活欺骗了你，不要悲伤，不要心急，忧郁的日子里需要镇静。相信吧，快乐的日子终会到来。"

一切都是瞬息，一切都将过去。生活再也不是"花开了，可是我什么都看不到"，而是"春天来了，新的一年来到了"。

第三篇

害怕出门，
宅到极致的社交

Part 1 社交恐惧症

朋友 D 很注重孩子性格和情绪方面的异常表现，在教育和引导的过程中常常反思，最后总结经验和心得，同时分享给身边的人。

他认为，孩子的心理健康成长需要家长悉心呵护，不要给孩子带来太多的压力，教会孩子如何做人格外重要，不要盲目地追求完美，与其他孩子做比较。

从 D 的教育理念来看，他很重视孩子童年时期的心理健康塑造。因为他知道，忽视儿童的心理健康会对他的一生产生很大的影响。

D 之所以能理解儿童的心理，对孩子的负面情绪感同身受，那是因为他曾经患过社交恐惧症。

小时候，D 很内敛，说话不多。他的伙伴冬冬正与他相反，活泼可爱，善于表达。两人几乎形影不离，放学一起回家时会经过一条街，街上有很多邻居，冬冬经过时会率先打招呼。冬冬打过招呼后，D 就不想再说话了，渐渐地，邻居纷纷表示对 D 的不满——

"这孩子太没礼貌了，见了人也不知道打招呼。"

"你看冬冬多有礼貌，不像 D 那么蔫，D 太内向了，这样不好。"

D 在听到这样的声音后很不开心，回到家里更不爱说话。每次走那条路时他都会饱受煎熬，认为那些邻居总是在对他指指点点。不久后，他走上那条路就开始心慌，心跳加快，脸红，手心冒汗，整个人都局促不安，甚至有些呼吸不畅。

为了不碰到邻居和熟人，避免这种难受的感觉，D 宁愿走那些很少有人走的小路，多绕一里路回家也无所谓。但是这也没能逃过邻居的"法眼"，邻居阿姨去他家做客时，就会问为什么好几天没看到他从门前经过。

这令 D 感觉非常压抑，以后有邻居来家里做客时，他就刻意躲在屋子里避开。久而久之，D 认为躲在卧室里的感觉真好，自由，无拘无束，也不用跟邻居或熟人打招呼。

起先，家长对 D 的行为听之任之，并无他想，对孩子不爱出门的异常情况没有过分关注，也没有察觉到他情绪的低落和波动。以致一年后，当 D 被心理医生确诊为社交恐惧症时，家长对此还一头雾水，不清楚也不了解为何自己的孩子会得这种病。

在患有社交恐惧症的一年里，D 不敢出门，踏出卧室的门就会心悸胸闷，甚至昏厥过去。经过心理医生长达一年的治疗，他才稍稍摆脱了对于出门的恐惧。

正因为有过童年阴影，D 在养育自己的孩子时就更加注重孩子情绪的波动，保证孩子的童年回忆是充满爱的。

儿童的心理需要疏导，情绪需要引导，家长需要花费较多的时间去学习。

在学习和生活中，家长要学会如何与孩子相处，如何正确引导孩子学会管理自己的情绪——在孩子想说时，放下手中的一切，认真倾听和交流；在孩子情绪低落不想开口时，要引导孩子说出不开心的事，并给出解决方法，缓解孩子的压力。

人与人之间的相处之道，就是沟通和交流。

父母之爱子，则为其计深远，童年时期的心理健康与否会影响孩子的一生是否幸福。因此，与孩子交流，让孩子对家长敞开心扉，更是重中之重。

家长要引导孩子将郁结在心底的不愉快讲出来，将孩子心底的结解开，不让孩子的思维困在情绪黑洞里。

D 的孩子也曾被亲戚拿去比较。过年时，亲朋好友聚在一起，就让孩子们表演节目，所有的孩子都表演了，只有 D

的孩子不表演，躲在 D 的身后。

D 当场对亲戚表明："孩子已经有了自己的思维和想法，此时他不想表演，我们就要尊重他的选择，我支持他。"

在孩子窘迫和不安时，家长给他支持和肯定，赋予他信心和尊重。这样可以塑造孩子的自信心，让他更有勇气面对自己的负面情绪，以后面对类似的事情，也会锻炼他的思考和决策能力。

社交恐惧症需要从根源上杜绝，将一个孩子培养成才，让他健康快乐地成长，是需要时间和付出的。家庭因素起着关键作用，对儿童的心理发育也至关重要，家长需要将重心放在孩子的心理教育上，锻炼出相对来说抗压性较强的心理状态。

任何一种病症都有潜伏期，病毒蔓延扩散是一个循序渐进的过程，由点到面，慢慢铺满整个身体。社交恐惧症也不例外，从交流障碍到社交恐惧，也是一个漫长的过程。

现代社会中，或许许多人都会有这种感觉：跟陌生人说话会脸红、心跳加快，有时会语无伦次；上台讲话前会紧张得手脚发抖，声音打颤；接到陌生电话会恐慌，总觉得有坏事发生；为了不跟同事一起坐车，宁愿多绕一段路，花费更多的时间……这些都是交流障碍的前奏。

　　有一位家庭主妇，常年在家带孩子，很少出门，孩子3岁前几乎没出过小区，网上购物大部分选择货到付款，用现金支付。

　　等孩子要上幼儿园了，她外出买衣服，发现大家已经开始用微信、支付宝消费了，基本不用现金。当她掏出现金支付时，感觉自己与外界断了联系，像一个外星人。

　　回到家后，她的情绪波动很大，因为当时她与商场导购沟通时都有些吃力，甚至还出现了口吃的现象。她认为周围的人都在笑话她，甚至萌生出再也不出门的感觉。

　　幸好她的丈夫注意到了这一点，耐心地给她讲述了这两年来大家消费习惯的变化，也诚恳地跟她道歉，说这两年疏忽了对她的关心，没有及时跟她分享外界的变化。

　　社交恐惧症患者大多很敏感，比较注重外界的声音，对外界环境产生误解，最后导致身体状况越来越严重，越来越不敢走出去。如果患者出现不适症状，家属就需要正确引导，以免误了最佳治疗时间。

　　其实，治疗社交恐惧症最关键的就是患者本身，本我要有意识地去改变现状，打破僵局，走出舒适区。虽然过程艰难，一旦迈出第一步，那么一切就会水到渠成。

Part 2　习惯了一个人的生活

在高速发展的现代社会，越来越多的人涌入大城市。城市中，霓虹闪烁，一栋栋高楼大厦中住着许多单身男女，他们的生活圈就是工作圈，从来都是一个人的生活。

或许，在光鲜亮丽的背后，在夜深人静的时候，孤独和无助会趁着黑夜翻涌而来。慢慢地，他们适应了自己的舒适区，一旦踏出边界线就会有紧张不安的感觉，与陌生人接触会有焦虑的情绪，甚至会形成社交障碍。

当然，这只是其中的一小部分人。这一小部分人大概性格内向，敏感多疑，时常胡思乱想，一旦工作或生活中出现重创，就会有心理负担和压力。疏导不好，就会将自己缩在套子里，时间长了，再走出去就很难了。

心理学家研究表明，社交恐惧症与患者的性格本身有很大关系。而想要克服社交恐惧，最关键的是逐渐改善自己的性格，患者本身要有主观意识去主动治疗，靠自己去修复，去恢复自信，去面对现实。

电影《被嫌弃的松子的一生》中，主人公松子曾经患过社交恐惧症。她遭遇了一次次的挫折和失败，被一次次地抛弃后，对生活充满了失望，对自己也失望透顶。

松子将自己关在狭小的出租房内，除了买东西和扔垃圾，其余时间就宅在家里。渐渐地，她的身材变得臃肿，头发开始凌乱，家里也变成垃圾场，脏乱不堪，身上有浓重的臭味。她不再跟人说话，别人与她说话时就躲开，她拖着臃肿的身体独自生活着。

我们追溯到松子的童年就可以看出，她的童年很不受重视。家里有个生病的妹妹，父亲把所有的关心和爱都给了妹妹，从而忽视了松子的感受，没有察觉到她异常的情绪。可以说，松子的童年缺少关爱，缺少自信心，没有安全感。

有两个孩子的家庭，如果父母的爱有所偏颇，很容易引起彼此之间的矛盾。松子的父亲给生病的妹妹准备生日礼物，给她笑容和温暖，而松子什么都没有，甚至在长年累月中积累出对妹妹的憎恨。

松子有童年阴影，原生家庭中爱的缺失，让她一生都在追逐爱，不断地索取爱。过分卑微地生活，为了爱而生存，这都是自信心不足的表现。

如果不是在公园出了意外，松子最后的结局应该是美好的。她在回忆中看到妹妹的笑容，并且燃起了对理发的热情。她拿着名片想去找过去的好友重新开始，并且最重要的是，她重新获得了生活下去的勇气，开始主动与陌生人说话，让那几个乱扔垃圾的青少年将垃圾捡起来。

松子迈出了艰难的一步，开始与社会接触，重新认识了自我。

治疗社交恐惧症需要靠自我的主观能动性，克服内心的恐惧，主动走出舒适区。对患有社交恐惧症的人来说，迈出第一步很难，需要承受来自心理的巨大压力，克服意识上的障碍，主动用脱敏法自我治疗。

拥有治疗的主观意识后，患者需要对自己的现状进行充分了解，明确自己恐惧的对象，并且可以简单地罗列在纸上，逐一攻破。

当负面情绪出现时，不要将自己的思维困在低谷，要学会转移视线，将焦点聚集在有趣的事情上。比如，可以听几首优美的音乐，看一本书，做一顿美食。总之，让忙碌填满复杂紧张的心，不让自己的心走进迷宫，在消极的情绪中原地踏步。

停止无休止的遐想，没有发生的事情不乱想，已经发生的事实不胡思，清空自己的负面思维，凡事朝着阳光积极的一面思考。

在交际时不要恐慌，要淡然处之，佛系地看问题，顺其自然，相信一切都会朝着好的方向发展，充分利用自我暗示去控制心底的声音——现在就是最好的状态，相信自己，重新找回自信和勇气。

用系统脱敏法打破僵局，走出舒适区，一点一点适应那些艰难险阻。蜀道难，难于上青天——走出舒适区堪比入蜀地，但只要方法用得对，就会有奇迹出现。

克服心里的恐惧，与亲密的人沟通，率先打开心房，再循序渐进地进行交际。这就像打通关游戏，在遇到最后的大Boss前都会有小关卡，一关一关地闯，通关之后就会觉得柳暗花明，世界静好。

知乎上有一名网友说，治疗社交恐惧症最关键的是要释放情绪，这也是最难的，因为会碰触患者最敏感的神经，揭开最疼的伤疤。很多网友表示赞同。

社交恐惧症患者认为周围的人都在看他，对他有敌意，只有小孩子才是无害的，是天使。这样，对于难以释放情绪的人来说，开导他去孤儿院与孩子相处一段时间，像小孩子一样重新学会交际，跟小孩子一样学会哭、学会笑，也是一种释放情绪缓解压力的方法。

社会上有一种说法，女性的抗压力要比男性高很多，这与女人爱哭、会释放情绪有关。所以，将负面情绪释放出去，从身体内部排出，不让压力积在心底，增强自信心和勇气，会降低患社交恐惧症的风险。

　　给大家讲一个关于患有社交恐惧症的人，这个案例很有趣：一个荷兰女人为了不跟熟人打招呼，装瞎 28 年。

　　这个荷兰女人认为，跟熟人打招呼寒暄是一件很有心理压力的事情。因为她不擅长交际，认为在路上停下来跟亲戚朋友说话是一件麻烦事，很累。所以，她在 28 年里一直对身边的人说，她做眼睛手术失败，失明了。

　　这一则案例是真是假还有待考究，毕竟装瞎比交际更麻烦。

　　人际交往是一门大学问，交际也有其艺术性。

　　在生活的道路上学会如何高效地与人沟通和交流，同时注重锻炼自己的心智，提高心理承受能力，在面对坎坷时可以舒缓压力和放松情绪，给心提供一个清凉的舒适空间。

part 3　一个"69 年男孩"的征婚

　　劳动公园相亲角里的一则征婚广告让人侧目：1969 年男

孩一名，身体健康，有两室一厅的房子，父母有退休金，欲寻求一名身材匀称，有稳定工作，可离异但没有孩子的女人。非诚勿扰，联系电话1360×××××××（父亲电话）。

这是一则令人啼笑皆非的征婚启事，令人醒目的是"69年男孩"这几个字——1969年出生，至今未婚，征婚启事还留着父亲的电话，这几点足以让人感到惊讶。

后来据一名知情人士透露，这个"69年男孩"是啃老族，学校毕业后就没工作过，一直待在家里，很少出门。他父亲说，这孩子每次出门都觉得无比难受，心跳加快，手心出汗，头晕目眩，耳鸣眼花，最重要的一点是连呼吸都觉得困难，仿佛外面的世界是一个巨大的压板，压得他的胸口透不过气。这个症状很吓人，但男孩一回到家，这种感觉就消失了，整个人变得正常了。

这个"69年男孩"的生活范围就是卧室、客厅和厨房，一出家门就会恐惧。同时他还有社交恐惧症，他不愿意跟人说话，就连家里的电话都不敢接。

逢年过节时有亲戚来到家里，他也是畏畏缩缩的，生怕别人将目光投向他。据说，那目光就像是子弹穿透了他的身体，刀子扎在他身上，让他痛苦万分。

他恐惧出门，恐惧社交，一切外界的事物都让他感到恐惧。如果可以，他想一辈子都不出门，不说话，不见人。

恐惧是一种情绪，是一种精神状态。七情六欲当中，恐惧心理比较让人不安——有人怕黑，有人怕虫子，有人怕乘坐电梯，还有人怕跟人接触。但仅仅被害怕约束是小问题，而害怕到极致就是恐惧症了。

恐惧症在心理学上又称为恐怖性神经症，属于神经症的范畴，它主要表现在过分或者不合理地害怕某种事物或情景，并且严重阻碍了正常生活。患者或许知晓这种恐惧的危害，却难以控制和约束，反而任其变本加厉地发展，难以自制。

常见的恐惧症，包括广场恐惧症、社交恐惧症和特殊恐惧症。

社交恐惧症通常发生在青少年身上，也有不少儿童深受其害。它又称为社交焦虑障碍，患者常有焦虑、抑郁和恐惧情绪，并且情绪很容易失控。

传统父母大多遵循"棍棒底下出孝子"的原则，孩子自有记忆起就备受父母管制，一旦顽皮，必定免不了一顿打。被打被罚的孩子如果没有被很好地开导和教育，那么他很有可能朝着一个阴暗的方向发展，或行为乖张、喜怒无常，或精神低迷、不爱说话。

在这里，孩子的社交恐惧症要跟自闭症区分开来。《阎氏小儿方论》中就提到过："小儿 5 岁不能言，心气不足，要在补肾的基础上治心，心肾并治。"

5岁了还不会说话的孩子，首先要考虑是否患有孤独症，在药理治疗的基础上还要配合心理治疗，保证孩子的身心健康，不能耽误孩子健康成长。

然而，有些孩童并不是身体机能的问题，而是心理问题，不爱说话，怕见人，见人就哭。如果处理不好，这种现象在经过时间的揉捏之后，就会变成社交焦虑障碍，长此以往，还会严重影响生活和未来。

中心妇产医院同一天出生的两个婴儿，生下来都十分健康。出了月子被接回家，一个婴儿被妈妈时刻抱在怀里，怕摔了怕碰了，出门又怕被风吹了。婴儿整日见到的除了妈妈就是爸爸，连个生人都没见过，每次去打疫苗都哭个不停，抱回家反而就会好些。渐渐地，这婴儿出门的机会少之又少，几乎整日在家里玩。

而另一个婴儿则相反，皮实得很，每日必定出去在小区里遛一圈，逢人就笑，见人就举起小胖手，特讨人喜欢。

婴孩时期还不太明显，等到了三五岁成了大孩子，那个整日被养在家里的孩子还是见人就躲，不敢说话，别人一碰到他或一与他讲话就会哭。另一个孩子越发讨人喜欢，有礼貌会讲话，还会主动跟别的小朋友一起玩。

很明显，儿童的生活环境和习惯都很重要，社交要从小培养，不能束缚孩子的发展空间。

前文提到的"69 年男孩"就是典型的社交焦虑症，追溯到他的童年，我们不难发现，他的恐惧症与童年发生的事情有很大关系。

这个"69 年男孩"在 10 岁时被人贩子抓走过，当时他在路边玩，被人贩子抓到车上抢走了，幸好发现及时，被警察救了回来。从那以后，他父母只觉得孩子"乖"了很多，不像从前那般顽皮了，也没有很好地关注他的心理健康。

这次绑架事件给男孩造成了童年阴影，受到创伤后有应激障碍。渐渐地，他开始不敢在学校里跟其他同学玩，下课了只是躲在教室的角落里。他害怕同学的目光，也不爱说话。

上学时，这种社交障碍还不明显，等到中专毕业后，找工作不顺利，他索性在家里常住起来。刚开始，他父母觉得孩子还年轻，就算不工作，他们两个也可以负担得起。后来，他们发现孩子已经丧失了交际能力，在人前说话会紧张得冒汗，手脚发抖。但此时再去补救，就很困难了。

社交恐惧症听起来很不好处理，但要想克服困难去治疗，还是有迹可循的。

首先，要正视它，从正面克服社交恐惧症，让自己完全暴露在外界，强制进行社交活动，也就是暴露冲击疗法。

其次，系统脱敏治疗，放松患者的心情，调整情绪和心态，释放内心的恐惧。

最后，根据具体情景模拟社交，循序渐进地由弱到强去克服社交恐惧感。在这个步骤中，要时刻观察患者的情绪变化和适应程度，不可操之过急。

与系统脱敏法治疗相反，暴露冲击治疗相对来说更直接。除去这两种方法，还可以借助药物控制治疗，这就需要花费时间慢慢调理了。

不过，这个"69 年男孩"首先要处理的并不是婚姻问题，毕竟没有任何一个女人想成为一个"69 年男孩"的"妈"。还是要正视自身的问题，找到症结所在，一味啃老也不是办法，毕竟人活一世，还是要好好过日子的。

Part 4　小时候接触人少，长大了就一定要外向

"小时候，我家住在一个大院里，有好多小孩子在外面玩。我听到声音想出去跟他们一起玩，但妈妈觉得外面太危险，就很少让我接触陌生人，时间长了，我就不想出去了。长大后我不爱社交，没有朋友，妈妈竟然问我为什么这么内

向？为什么不爱出去？"

"上中学时，妈妈防范我谈恋爱就像防贼一样，差点就把我拴起来。上大学时也要以学习为重，不能找男朋友。可是一毕业，妈妈竟然要我赶紧结婚，别耽误了。"

"我妈的想法特单纯，她认为我是一天就变坏的。其实，小时候就已经埋下了种子——小时候不管，长大后也就管不了了。"

"不管什么事，只要我一开口，我妈就能拐到学习上去。等我长大了她还心酸，说我跟她不亲了，有什么话都不跟她说了。"

同一个世界，同一个母亲，但她们的想法很奇特。

就像上述几个采访对象讲述的那样，她们沉浸在自己的教育世界里，我行我素，没有反思，看到孩子与自己的预期不一样，还在奇怪：为什么孩子会变成这样？她应该很外向很爱说话啊？为什么感觉孩子距离自己越来越远，这么多年的学都白上了？为什么她什么都不跟自己说了？

冰冻三尺，非一日之寒。

成长过程中积累的习惯，并不是一朝一夕形成的。母亲作为孩子最亲密的人，她的一言一行都在影响着孩子，可以说，那些习惯不是突然形成的，而是在循序渐进中慢慢积累而成的。

内向、自卑、不爱说话、不合群、不爱交朋友，这些现象都会为患上社交恐惧症打下基础。如果一开始就是错的，忽略了这些状况，那么渐渐地就会产生交往障碍，继而导致与外界产生沟通障碍。严重者，则会永远躲在狭小的空间里，再也不出去。

心理学上有一个名词叫儿童社交恐惧症，就是说，在面对陌生的人群和环境时，儿童的心理压力过大，会形成焦虑和害怕的心理，甚至产生拒绝心理。他们不爱说话，会害羞，会哭泣，会对陌生人产生恐惧。

除去先天遗传因素导致儿童患有社交恐惧症，后天家庭环境的影响尤其关键。

如果将成长的过程比作修建高楼大厦，那么，儿童时期就要打下坚实的地基，无论是健康的身体还是健全的心理，儿童时期的维护是不容忽视的。

比如，一个家庭中充满爱，父母互相尊重，经常带孩子去看世界、交朋友，那么，这个孩子一定是活泼开朗、乐于分享和交流的。

反之，家庭氛围紧张，父母关系恶劣，孩子就会敏感害怕，焦虑不安。再加上父母不让孩子出去见人，没有玩伴，那么，这个孩子多半就会患上社交恐惧症。

随着社会对儿童心理健康的关注程度越来越高，预防儿童出现社交恐惧心理就显得格外重要。家长要从小培养孩子的自信心和交流能力，防止孩子出现社交障碍。

那么，家长应该如何预防呢？

第一，营造和谐的家庭氛围，给孩子提供安全、舒心的生活环境。

一般来说，和谐有爱的家庭中，家长的教育理念也是非常适合孩子成长的，在不同的年龄阶段中所采用的教育和引导方式也是不一样的。

在儿童时期，让孩子感受到家庭的和睦，可以塑造孩子健康的品格，孩子会感受到温暖和快乐。

必要的亲子时间不可辜负，不要错过孩子每一个重要的人生阶段，留出时间陪伴孩子。

比如，认真地陪同孩子看一次他喜欢的动画片，参与孩子在幼儿园的第一次演出，孩子第一次得奖要给予奖励，给孩子生活的仪式感，陪孩子过生日……

这些陪伴和记忆会给孩子带来快乐，同样也会让他用心感知家庭和生活的美好，给他一个充满爱的童年。

第二，多带孩子出去看世界、观察生活，锻炼孩子与陌生人交流。

许多家长认为外面车多人多不安全，空气又不好，经常不让孩子外出。

其实，小孩子活泼好动，正处在一个对万事万物都好奇的年龄，将孩子关在家中，对孩子的成长没有任何益处。家长应该多带孩子外出，多见些人，锻炼孩子的注意力和观察力，让他学会与陌生人交流。

比如，去小区院里跟邻居小朋友一起玩，做游戏，教会孩子如何与陌生人打招呼。还可以带孩子去外地探亲或旅行，在不同的环境下见到不同的人，锻炼孩子的性格，孩子会越来越开朗乐观。

第三，独自一人完成一件事会让孩子感到骄傲，可以培养孩子的独立性。

在孩子的成长过程中，家长还需要学会放手，不能事事操心，事无巨细全部帮助孩子完成。培养孩子的独立动手能力，有利于塑造孩子的独立思维，培养孩子的决断力。

比如，让孩子独立完成一项手工作业。家长可以事先提醒孩子注意事项，让孩子养成事前准备的好习惯，独立做完一份手抄报、拼完一幅图、洗一双小袜子等。

心理学家认为，培养 3 岁以上的儿童独立完成一件事，可以塑造孩子独立的思维和品格，孩子长大后的决策力就会变得很强。

最后，与外界接触，不要限制孩子的人际交往，帮助孩子学会分享。

一位权威教育家曾经说过，教会他人解答难题的过程中，自己的知识也能得到深化。

让孩子多与外界接触，跟同龄人一起学习、做游戏，可以让孩子尽快融入新环境里。同样，也可以邀请孩子的同学和玩伴到家里做客，让孩子学做小主人，这样可以提高孩子的交际能力，增进彼此的友谊。

其实，公共场合是一个全新的环境，孩子来到后难免会觉得紧张和不安。

这时候，家长要注意观察孩子的情绪，正确引导孩子淡化这种感觉。不要轻易给孩子贴上胆小的标签，以免让孩子产生压力和自卑，最后陷入社交恐惧的黑洞中。

第四篇

情商可以后天培养，
但有一种人例外

Part 1　低情商的可复制性

　　现代社会对人才的要求越来越严格，不仅要求智商过硬，也需要不断提高情商，还有很多女性将高情商作为择偶标准。可见，情商这个词大家都不陌生，都有自己的看法。

　　现在，高情商属于凤毛麟角，低情商可以说比比皆是，而且还具有可复制性。

　　情商的高低与先天遗传的关系不大，与后天的积累和沉淀息息相关。情商可以培养，只能徐徐图之，不可操之过急。

　　简单来说，情商就是可以很好地控制自己的情绪，以达到一种增强人与人之间交往的能力。通俗地说，就是"与君初相识，犹如故人归"，与君相处，如沐春风。

　　我们不妨试着观察身边的朋友，那些情商高的人大多儒雅绅士，谦和有礼，谈吐不凡。他们说话办事能力强，能够临危不乱，宠辱不惊，很好地把控自己的情绪。

　　而有些人则经常焦虑不安，暴躁易怒，不会看人眼色行事，说话做事张扬，动不动就心直口快专门戳人心窝子，还美其名曰："我这个人直肠子没心眼，忠言逆耳都是为你好。"

殊不知，这虽然是性格使然，也是情商低的表现。

《知否知否应是绿肥红瘦》中，如兰就是典型的低情商，每每都是输给墨兰，被盛纮责骂。她是个炮仗性子，一点就着，说的就是她很容易被墨兰的三言两语挑拨，在言语上吃亏，然后情绪失控。

往上捋顺，我们不难发现，如兰的母亲王氏也是心直口快、恣意妄为的人。她在情商这一块修炼不够，在跟林姨娘的争斗中节节败退。

显而易见，如兰复制了母亲的低情商。在后天的培养中，如兰在情商这一块的学习可谓是后天不足，没有稳妥的环境熏陶，也没有榜样去模仿。

可见，低情商是可以复制的，一般都是从最亲的人身上copy，再加以润色，使情商更低。

中国有一句古话："三岁看大，七岁看老。"老话不假，是经过数百年实践总结出来的。这句古话，也被现代实验研究证明是有科学依据的。

美国著名心理学家布鲁姆曾经做过这样一个实验：对上千名儿童进行过跟踪研究，从出生开始到成年，观察他们的生活习惯和心理健康。最后得出这样一个结论：儿童在 1 岁到 5 岁是智力发展的高速期。如果一个孩子在成年时的智商为 100，那么在他 5 岁前就应该达到一半，7 岁前再增长 30，剩余的 20 则是从 7 岁到成年之间获得。因此，7 岁前的智力开发尤为重要。

除去智商的开发，情商的培养也尤为重要。

3 岁的孩子已经开始接触外界，他们会对周围的人和环境产生兴趣，会初步形成心理认知和情感认知。

在这期间，如果家长以身作则，在日常生活的潜移默化中培养孩子良好的性格和情绪，锻炼孩子的独立思考和动手能力，训练孩子的说话能力。那么，父母的期望值和生活习惯与准则都会逐渐被孩子吸收、沉淀，最后形成自己的期望值和准则。

现在社会上的早教班如雨后春笋般涌现出来，都各具特色，正是很好地利用了孩子 3 岁这一黄金期，通过科学指导和正确引导来使孩子充分发挥潜力，让其健康成长。

在如兰小的时候，母亲王氏没有做到正确引导，在孩子面前也暴露了自己和林姨娘斗争时展现出来的低情商——父母就是孩子的一面镜子，此话不假。

相反，明兰跟在老太太跟前，情商之高，可以说比如兰高出很大一截。可见，情商具有可复制性的特点。

在清朝，小皇子 6 岁时就需要去上书房读书，每日寅时便去早读，寅时也就是凌晨 3 点。而且清朝有个规矩，小皇子不可在母亲身边长大，都必须养在阿哥所，由专门的乳母抚养，避免"慈母多败儿"。

这是很有道理的。制定规矩来约束皇子的行为，培养他的良好习惯，只要不出偏差，养出来的孩子大多都能成才，只有极少数是意外。

你看，从古至今，培养一个人的情商都要从娃娃抓起，沉淀着无数智慧的方法。

现代社会竞争压力巨大，如果一家公司面临裁员的危机，而 HR 最先裁掉的人员就是情商低不会说话的人。

一般来说，有个定律：情商低的人一般都不会身居要职，且人缘不好。再加上心直口快得罪上司、与同事不睦，被裁员便是首当其冲。那么，提高情商，打破这种可复制性的低情商魔咒，就需要比常人付出更多的努力。

Z 小姐就是个典型的直肠子，是公司出了名的话题终结者，无论何种情况下，她都能用一句话得罪人。

午休时，同事们在茶水间讨论减肥，某同事正在斗志昂扬地表决心能绝对控制食量、多做运动的时候，Z 小姐想表现得不落俗套，非要反其道而行之用激将法，说："你绝对不会瘦下来的。"语气冰冷，透着不屑。

Z小姐这话一出，立志减肥的同事脸色都变了，她还不会察言观色，推了对方一下，反问："是不是？"周围一下子静下来，空气中充满了尴尬的气息。

Z小姐得罪了人还不自知，类似的例子有很多。年终测评，她被同事评价得很低，都说她情商低。她还很委屈，哭着说："我妈从小就教我有什么说什么，不要藏着掖着……"

Z小姐完全复制了母亲的低情商。其实，小孩子诚实一点儿很好，有什么说什么也很好，但重要的一点，就是要注重方式方法。

开玩笑要看场合，要坚持适度原则；说话要讲究分寸，把握一个度和时机。这些都可以通过慢慢积累而改变，最重要的是情绪管理。比如，在极度悲伤的时候可以哭，但不能不分场合地大声哭——哭可以消耗和带走身体里的悲观和负面情绪，但丢脸就不好了。

情商具有可复制性，虽然一个人有可能复制低情商，但好在还有科学方法来解决。

在今后的工作和生活中，了解自己的情商，加强自我意识，通过榜样的力量，再加大把控情绪的力度，相信即使复制了低情商以后也能去改变自己，情商指数会越来越高。

Part 2 情商低一般体现在这些地方

一家公司的 HR 在招聘时遇到这样一个应聘者：他的简历写得很漂亮，名牌大学毕业，在校成绩排名靠前，教授对他的评价很高。

面试时，考官让这个高材生做自我介绍，谁知他竟然说了一段话，顿时让考官感到很尴尬，对他的印象大打折扣。

应聘者说："简历上不是有自我介绍吗？上面写得很清楚了，咱们就不要在这个地方浪费彼此的时间了，要注重效率。"用词很拽，态度很傲，印象分几乎为零。

HR 这次招聘的职位侧重于团队协作，应聘者显然不符合要求——语言直冲云霄，在职场中难免得罪人，虽然他是名校高材生，最后还是被刷下去了。

故事还没有讲完，这家公司最后招聘到一名管理培训生，态度很诚恳，做事认真，在实习期间的表现也很好。但有一点，她在实习时犯了一个不大不小的错误，因为是实习期又是新人，主管领导就没有责罚她，只是让她做事更细心些，不要再犯同样的错误。

职场新人在工作时难免会出差错，只要吸取教训，把工作能力搞上去，以后不再犯错就是了。但这名职场新人一直纠结于自己犯的错，跟主管领导反复道歉，强调自己不小心犯的错，表示很懊悔。

在短短半个月，她竟然道歉十余次。结果很显然，她没有通过终极测试，实习期满后没有被转正。

以上两个案例中的人都具备同一个特点，犯了职场新人的大忌——情商低。前者言语直白，说话前没有思量，毫不顾及他人的感受；后者不能正确管理自己的负面情绪，因为负面情绪掌控不好，就会影响工作的顺利进行，不能及时做出正确的决断。

情商是指人的情绪管理能力。心理学家戈尔曼认为，情商具体有五种特征，包括自我意识、情绪控制、自我激励、认知他人情绪和处理相互关系。

情商在职场中的作用越来越明显，在生活中也同样重要。比如，接人待物、处理问题、商务谈判等方面都会考验一个人的情商。

知乎上有一种观点，说假如你跟一个人相谈甚欢，简直就像久别重逢的故人，那并不是因为你们两人的性格和阅历都很相似，其实是对方的情商比你高，比你聪明而已。

由此可以看出情商的重要性，但在生活中，我们会遇到许多情商低的人，这部分人并不占少数。那么，情商低一般体现在什么地方呢？

第一，自我认知过高，目中无人，说话口无遮拦，号称话题终结者。

职场中和生活中有这样一类人，他们自称直肠子，而且自认为很爽快、干练，有什么说什么，我行我素地认定忠言逆耳很光荣："我这么做都是为了你好。"

事实上，这部分人在不自知的情况下得罪人的几率最大，也最容易树敌。他们对自己没有一个清晰的认知，说话直白，一针见血，是话题终结者。

还有一些人懂的不多，或只知其一，就敢在外面长篇大论大放厥词，用自己粗鄙的见解指导他人。这通常会惹人反感，是瞎说话导致的，也是一种最直观的低情商表现。

第二，难以管控和处理自己的情绪，让负面情绪占据生活的主导地位，肆意发泄。

对于吵架，大家都不陌生吧？

上下班高峰时，拥挤的地铁里，时不时就会传来大嗓门的辱骂，负面情绪爆棚，随时都会出现暴力。

夫妻吵架，总有一个挑头的，而这一方就是不会正确处理自己情绪的人，情绪失控以后，要靠吼和骂来宣泄。

部门主管被老板批评这个月的业绩不好，主管回来后一肚子的火气，遇人就劈头盖脸地骂一通，以缓解自己的负面情绪，将这种情绪传染给办公室的每一个人。

这些都是情绪管理失败的表现。

负面情绪可以延续，也可以终结。比如，在办公室被领导批评的你回到家，一开门就看到孩子将面粉撒了一地，而孩子的嬉闹声充斥着你的感官。

是将公司带来的怒火烧到家里，给孩子一顿骂？还是将火气留在外面，心平气和地跟孩子讲道理？聪明人都会选择后者，不将职场的怒火带回家，给孩子造成伤害和阴影。

第三，我弱我有理，我穷我自豪，没有激励自己的方法，浑浑噩噩混日子。

给这些人贴一个标签，那就是"玻璃心"。他们的内心很脆弱，像玻璃一样一碰就碎，常常处在悲观消极的状态。

就像现在有些人经济好一点了，就开始患得患失，害怕以后经济会不好，比如通货膨胀、房价上涨、生活成本越来越高，对未来充满焦虑；经济不好，他就会说果然被说中了，形势越来越严峻，以后的日子更难过了。

这种思维对未来不会有任何帮助，反而会传染给身边的人，让身边的人也处在焦虑中，惶惶不可终日。

他们头顶小乌云，走到哪儿哪儿下雨，怨天尤人，就是不从自己身上找原因。

这些人还有这样的小心思：做对了全是自己的功劳，做错了就推给别人，没有一丝责任感。他们浑身充满负能量，既不会激励自己，还会把别人拽向深渊。

第四，理解不了潜台词，不懂得察言观色。

低情商还表现在不顾他人的感受，看不懂情绪背后的真相，听不出弦外之音，分不清委婉的拒绝，也分不清善意的提醒。

他们大多我行我素，聊天时只顾自己，不懂得观察别人的情绪。久而久之，他们就会脱离团体，没有朋友。

在职场，他们在领导忙得焦头烂额时去问一件简单的事，领导耐着性子解答了；他们再遇到问题，还去打扰正在忙碌的领导，丝毫没有察觉到领导焦急的心情。

一件很隐私的事情，主人公已经委婉地表示不想再提，他们还是一而再、再而三地碰触底线，探听他人的隐私。

遇到情商低的人，真的会憋出内伤，如果对方继续我行我素，那就只好避而不见了。

第五，处理不了与他人的关系，更有可能成为和稀泥的人。

有人的地方就有是非，人与人之间的关系需要维护，这是一门终生的必修课。而情商低的人，处理不好与他人的关系，经常将简单的事情复杂化。

有一家公司重新装修，负责人在与装修主管沟通时出现问题，他的态度强硬，不给对方留余地，最后一拍两散，装修改造没能顺利完成。而那名装修主管扬言，公司不换负责人就不干活。

后来，公司换了新的负责人，他的沟通效率高了很多，接人待物很客气，尊重对方，装修工人很满意，干活也很卖力。

同样一件事，与同一个人沟通，会有两个完全相反的结果，这与公司的负责人是否有高情商分不开。

低情商者千千万，他们在生活中和职场中举步维艰，想要美好的未来，提高情商刻不容缓。

Part 3　强行蜕变，你也可以

　　某商场的总经理是一个情商很高的男人，作为企业高管，他就是行走的高情商典范，被所有员工称颂，人格魅力十足。

　　半年前，集团空降了一名外聘的日本高管，因为文化差异，他的许多要求都很苛刻，中层干部为此都叫苦连天。

　　这位总经理足足忍了对方一个季度，而后在一次季度会议上，日本高管又开始拿装修风格说事，总经理开始在会上用日语反击，条条框框分析得很透彻，只一次就在气场上镇住了全局。从那以后，日本高管再也不敢跟这位总经理叫板。

　　有威慑力的领导讲究以理服人，在没有十足的把握前不会轻易出手，而一旦万事俱备，就会一击即中！

　　案例中的总经理就是这样一个人，他的情商不是一般的高。他的责任感很强，有强大的自信心和亲和力，会给员工办实事，倾听基层员工的意见。

　　心理学家戈尔曼认为，人生能否取得成功，情商起着至关重要的作用。

那么，应该怎么做才能够提高情商，做一个高情商的人呢？

第一，培养高情商，从娃娃抓起。

情商需要长时间的积累，高情商的背后是一次次尝试的过程，是藏在年龄里的智慧。

研究表明，在某种程度上，情商的作用比智商更重要，早期的情商教育非常重要，关系到一个人的一生。

儿童的情商与父母的教育息息相关。儿童处理情绪的方法大多是模仿家长或老师，因此，家长的正确示范和老师的及时引导就变得尤为重要。

情商课应从娃娃抓起，锻炼孩子的注意力，找到处理负面情绪的方法，提高孩子人际交往的能力，增强孩子的自信心和责任心，培养孩子的爱心。

孩子的情商可以反映出父母的教育，他们是父母的复制版，因此，要从小注意孩子的情商培养。

第二，抛弃原生家庭带给你的低情商，从根本上改正和提高处理问题的方法，提高情商力。

低情商具有复制性，但同样可以通过有效方法来改变。

当一个人离开家庭的港湾，走出父母的怀抱来到社会，那么，他的情商高低就会立即表现出来。

一个人想要获得高情商，需要父母的精心培养及自己的细心学习，好的人际关系可以通过科学方式来维系。

坏习惯及处理问题的方法，有时候是根深蒂固的，那是多年来养成的习惯——如果低情商具有可复制性，那么你的行为是完全受了父母的影响。

从现在开始，抛弃固有的思维方式，逃离低情商复制性的魔咒，学习正确处理问题的方法，培养自信心，点滴积累，做一个高情商的人。

第三，控制自己的负面情绪，提高抗压能力，增强人格魅力。

高情商的人，具有强大的自信心和吸引力，做事有决断，责任心强。

当危机和突发性事件来临时，一个人表现出来的情绪和行为最能体现其情商。面对压力和挑战，还可以气定神闲地分析事件，有条不紊地解决问题，协调人际关系，那么，这个人的抗压能力是非常强的，会给人强大的安全感和信心。

越是遇到困难，越是着急，就越要学会控制自己的负面情绪。负面情绪人人都会有，区别在于如何去控制它、利用它，最后合理地转化它。

高情商的领导人具有强大的人格魅力，他会感染身边的人共同进步，这就是所谓的吸引力法则——你是怎样的人，就会吸引怎样的伙伴，那么这个团队的协作能力就会怎样。

第四，学会倾听，感受他人的情绪变化，增强沟通效率。

在沟通中不要一味地输出，适当地停下来聆听对方的声音，会增加彼此的好感，使交流过程更加顺畅，以便于了解对方真正的想法。

与人交流时，掌握话语权并不代表抓住了主动权。相反，细心倾听对方的声音，感触对方的情绪，了解彼此的需求，才能够增强沟通效率。

第五，学会拒绝，在适当的时机正确处理困难情绪。

高情商并不代表他人有难，我必助之。人都有七情六欲，都有为难的时候，这时候用合理的方法及时拒绝，总好过前一秒爽快答应了，后一秒后悔难受。

在生活中和工作中学会说"不"，委婉地拒绝别人也是一种处理问题的方法。

R请了假去医院照顾家人，正忙时收到领导的微信，说让他回公司发一份数据报表，很着急用。

R了解这个数据报表是另一个同事K负责处理的，领导没跟K要，说明他不方便发，而自己只是在临时协助K完成。于是 R 给领导回信息：领导，我现在不在公司，请了假在医院照顾家人，您如果着急用的话，我从医院赶回公司应该是晚上 8 点了，那个时间发给您来得及吗？

制作数据报表，这本不属于 R 的工作范畴，委婉地拒绝后，聪明的领导不会把责任推在他身上，而是会再去找 K 负责。拒绝也是一门艺术，需要积累经验。

第六，懂得换位思考，学会反省自己，了解道歉的哲学，用一颗包容心善待他人。

人非圣贤，孰能无过。

有错当改，绝不模棱两可。道歉并不代表低人一等，可以体现出一个人的人品。学会反省，用换位思考去体会对方的心情，感受他人的情绪，做一个宽容善良的人。

《论语·学而》中记载："吾日三省吾身：为人谋而不忠乎？与朋友交而不信乎？传不习乎？"反省这件事要每天都做，交朋友要以诚相待，替人办事要尽心尽力，学到的知识要懂得温故。

学会反省，要站在对方的角度考虑问题，注意观察他人的情绪。要有一颗包容心，格局要大，眼光要远。

培养情商是一生的课题，没有尽头。要时刻提醒自己，做一个高情商的人，温暖待人。

Part 4　习惯性无助和习惯性拔尖

朋友的妹妹小 A 结婚不到半年就离婚了，听说她在工作单位的表现也不好，已经被 HR 列入了裁员名单里。

小 A 从小到大没有做过任何决定，一切都靠母亲来决断，这导致了她性格内向，不善于表达。在职场中，她也属于可有可无的人，凡事自己都做不了主，大小事情都要请示主管，没有决断力。

在婚姻中，小 A 更是依附于老公——按照小 A 前夫的话来说，就是他不是娶了妻子，而是在养女儿。

无论在生活中还是工作中，小 A 遇到难题或犯过错误就会习惯性无助，负面情绪爆棚，处理不好任何事情。

而小 A 的妈妈王姨则是一个处处拔尖、事事要强的女人，家中事务不管大小都要过她的手。她替小 A 精打细算，几乎每一个环节都计算到了，做出规划，严厉得像个强迫症患者。

王姨的老公就是受不了她机器人一样的生活，抵挡不了来势汹涌的拔尖要强，所以两人就离婚了。

王姨处处要强，在工作上更是个热心肠，在她看来自己是拥有一颗炙热的心乐于助人，在同事眼里就是越俎代庖不知所谓，情商低得令人避而远之，在工作单位的月评很差。

两个案例中间的过程各有不同，两人却拥有相似的结局。小 A 完全复制了母亲的低情商，不会处理现实生活中的人际关系。

有句老话说，一个好女人可以旺三代，是维系家庭的重要纽带。

很显然，王姨连第一代都没有旺起来，因为她情商不高，没有维系好夫妻关系，也没有给孩子树立正确的榜样，剥夺了孩子的选择权，让孩子没有主见和自主能力，最后导致孩子的生活不幸福，未来堪忧。

情商可以通过后天修炼慢慢养成，只要有意识地去调整和改正，任何时候都不会晚，那么一切都还来得及。

王姨的初衷是为了孩子好，想要给孩子提供避风的港湾，不让她过早地受现实的伤害。但结局却不如人意，也不知她是否意识到自己的教育方法不科学，是否追悔莫及？

心理学家提出过一个观点，比起学习和做学问，教导孩子如何做人更为重要，需要花费更多的心血。

优秀文化的传承及优良家风的塑造，需要几代人共同努力去完成。一代人的教育，既能体现时代的精神，更能反映出父母的人生智慧和处世哲学。

　　情商在现代生活中占据的地位越来越重要，是一个人未来成功与否的关键。这样，提高情商，更智慧地处理生活中的问题，提高与人相处的能力，就变得很重要了。

　　一个人如果有正确的自我认知，充满激情和自信，与他人和谐共处，能够有效地处理各种情绪，提高抗压力。那么，这个人一定具有很好的人格魅力，会给他人树立榜样，产生积极的作用。

　　目前，在企业管理学中，情商被广泛应用，一个成功的领导人首先具备的就是高情商。

　　当下，许多职场新人在入职前都会去报班上情商课。职场如战场，不能输在起跑线上，对于情商的培养就格外重要，可以说它是一个职场菜鸟能否在新环境立足的关键。

　　可以说，情商的未来发展充满潜力，是一个人成长和进步的无价之宝，从出生到成长，情商会伴随人的一生，影响深远。

　　情商会受原生家庭的影响，同样，它也可以通过后天的学习来提高。正如前文案例中，习惯性无助的小 A，就是通过学习改善了情商低的问题。

首先，从打破僵局、推翻强硬管控开始。

我越来越认为，原生家庭对一个人性格和情商的塑造起着举足轻重的作用，甚至可以影响他的一生。

行为心理学上有一种说法，习惯可以塑造和改变一个人的性格。习惯的养成是日积月累的，处理问题的方法和思维也是有惯性的。要打破惯性，就需要辩证地找出原生家庭带给你的影响，扬长避短。

小A离婚又失业，可谓是受到了双重打击，严重影响了自信心和自尊心。如果她一蹶不振患上创伤后应激障碍，那就麻烦了。

但小A比一般妈宝孩更坚强，她认清了事实，也在跟前夫的交流中得到一个信息：妈妈的教育是错误的，长大后，决策权应该在自己手里，她需要有独立的思维。

所以，首先她就抛弃了妈妈的理论，打破僵局，走出妈妈的绝对保护，与过去说了再见。

她报了情商班，学习如何与人相处，怎样培养独立的思维，提高决断力。她迈出了成功的第一步。

其次，认真看待自身的处境，学会反省，跳出情绪黑洞，给自己一个全新的开始。

小A在情商班的学习过程很顺利，她的学习能力很强，通过老师的正确引导，她已经学会了为人处世之道，懂得了拒绝的哲学，有了一定的自信心和决断力。

在学习的过程中，小 A 还学会了反省，一日三省自己，反省自己从前的所作所为，总结在职场中和婚姻生活中的失败教训。

小 A 开始走进一个全新的世界，像是与过去握手言和，认识了一个全新的自己。而在这期间，小 A 的前夫通过朋友知道了她的进步，两个人又走到了一起。

最后，注重沟通，学会与人相处，发挥微笑的强大功效。发现他人的闪光点，毫不吝啬地去赞美，做一个充满阳光和自信的人。

通过半年的情商课学习，小 A 的低情商得到了改善，整个人仿佛脱胎换骨似的，精神气质都发生了变化。她又开始进入职场，开启职场生涯。

这一次，小 A 懂得了责任的重要性，学会了如何快速有效地沟通，提高沟通效率。并且有一点很值得一提，小 A 的笑容很有感染力，完全发自内心——她真诚地与人为善，在新公司收获了同事的尊重。

情商是一门艺术，需要一个人认真对待，努力学习。因为这是通往美好未来的秘诀，早日掌握，可以走向人生巅峰。

第五篇

性启蒙要排在第一位

Part 1　坏人的阴谋

　　近年来，新闻报道的儿童性侵案件在不断攀升。据统计，熟人犯案的比例高达七成，他们披着"熟人"和"亲戚"的外皮戳破人性的底线，将魔爪伸向幼小的生命，真可谓人面兽心，毫无良知。

　　现实如此残酷，真相令人震惊，一件件惨案告诫我们对儿童的性启蒙教育要趁早。坏人也是利用了这个漏洞，对儿童行谎骗、诱拐之事的。

　　儿童是最天真无邪的，会被新鲜的东西吸引，孩子的天性容易促使他们相信他人，不懂得坏人的阴谋。在这个特定时期，儿童的人生观和价值观尚未定型，对社会和现实的了解不深，不会辨别是非，很容易受到哄骗。

　　那么，这时家长就需要对此进行防范，对孩子进行性启蒙教育，让他们及早了解性知识，时刻保护自己。

　　女孩 F 在 10 岁时，父母离异了，她被判给爸爸抚养。

爸爸另娶了后妈，隔年生了个儿子。后妈对 F 漠不关心，同时对她很严厉，她一犯错误就会遭到打骂。

有一次，F 把买习题册的钱弄丢了，她怕被后妈打，于是坐在小区院里哭。一邻居老头看到了，询问之下了解了情况，于是对 F 说："你跟我回家坐一会儿，我就会出钱给你买习题册。"

F 认为只要不被后妈打，其他的都可以接受，于是跟着邻居老头回了家，老头以检查身体为由对她进行了猥亵。之后，她一有难题就会去找"老爷爷"帮忙。最后这个邻居老头被举报，警察把他抓了起来，F 还不知道发生在她身上的事有多么残酷。

我曾经看过一个类似于公益广告的短片，上幼儿园的女孩回到家后手里拿了一个玩具娃娃，但这个娃娃不是妈妈给买的。妈妈很奇怪，又看到女儿的衣服很脏，膝盖还磕破了，在给女孩换衣服时，发现她的内裤上有血迹。妈妈并没有心急慌乱，而是强压着怒意，在崩溃的边缘耐着性子温柔地问女儿发生了什么事。

女孩说有个叔叔给了她一个玩具娃娃，并带她回家检查身体，很疼。此时，妈妈心痛难忍，她让孩子一定记住，衣服遮住的地方不要让任何人碰。然后，这位妈妈在带女儿去医院前报警，利用法律手段惩戒了坏人。

这两个案例听起来让人感到愤恨，坏人衣冠楚楚，就隐藏在四周，观察可以下手的孩子。那么，是什么让他们敢将魔掌伸向孩子，他们的阴谋诡计为什么会得逞？

首先，了解和熟悉孩子的特点，坏人利用孩子的天真，专门向他们伸出魔爪。

坏人首选小孩子作案，就是知道小孩子身体幼小，没有反抗力，就算大声呼叫和挣扎也能轻易制服。他们买来新玩具或食物，利用孩子天生对新事物存在新鲜感和兴趣进行哄骗，最后实施犯罪。

正如案例中的两个女孩，F被老爷爷可以买习题册骗到家里，公益短片中的女孩被玩具吸引，正是利用了她们现有的困境和对事物的新鲜感。

亲人作案更是了解小孩子的家庭，知道家长的习惯，挑选作案时间和方法，在孩子家人没有防备的情况下做出残忍的事，恶人嘴脸暴露无遗。

其次，孩子的自我保护能力很弱，很容易受"亲戚"和"大人"的摆布，缺乏自我保护意识，不知道有些行为是会伤害自己的。

孩子会本能地相信"大人"和"亲戚"，没遇到坏人之前他们会认为世界太美好了，周围都是爱他们的人，对人没有防范意识，不懂得坏人的行为。

就像短片中的女孩，她只认为自己得到了玩具，并且检查身体很疼。她们对性毫不知情，不了解对自己有害的事。

再次，性启蒙的缺失、迟到，这是发生惨案的根本原因。

家长对儿童的性启蒙教育太少，甚至是缺失，没有防范措施。

中国家长对于性启蒙教育是缺席的，回避、迟到，没有及时对孩子进行相关的教育预防工作，以致儿童对这方面的知识是空白的。学校教育也仅仅在初中生理课时会讲到，但大多数都变成了自习课，老师绝口不提生理健康。

性启蒙教育越早越好，在孩子有了最初的男女意识时，就需要教会孩子学习了解自己的身体，学会保护自己。在性启蒙教育方面，家长需要一马当先，做好准备工作，这样有利于培养孩子的独立人格，让他们拥有健康的品格。

最后，坏人自己存在劣根性，将负面情绪发泄在儿童身上。

坏人有童年阴影不自治，还要给孩子增加痛苦，没有道德底线。在这里，我们又把话题引到原生家庭上，述说一下童年阴影。

拥有童年阴影的人具有本质上的劣根性，在小时候就是问题儿童——家长的漠视，家庭环境的破裂，本身成长的坎坷，那么长大后势必积攒了超负荷的负面情绪。他们可能为人师表，可能是高层领导，衣冠楚楚，整日压抑自己的情绪，却控制不了自己的坏心思，最后将负面情绪发泄到孩子身上，做出违反法律和道德的事。

再看女孩 F 的家庭，家庭环境过于冰冷，爸爸不关心，后妈经常打骂。她又遭受了关于性的童年阴影，如果不好好调节，那么终其一生都不会幸福，一直活在黑暗的阴影下。

对于妈妈而言，孩子是世上最珍贵的礼物，是纯真无邪的天使。孩子可以缓解大人在现实世界中所有的压力，妈妈愿意把所有的爱和关怀都给孩子，让他们在一个健康快乐的环境下成长。

但是，现实社会中存在许多阴暗的地方，有些坏人在伺机而动，将黑色的爪子伸向稚嫩的孩子。那么，这就需要家长树立正确的教育观念，将性启蒙教育放在首位，从娃娃抓起，让他们提高自我保护意识，不让坏人的阴谋诡计得逞。

新时代新社会，教育理念也要有所改观，将性启蒙教育放在重要位置，让孩子拥有一个美好的未来！

Part 2　学会保护自己，从娃娃抓起

当今世界的竞争，说到底是人才的竞争。为了培养人才，家长对孩子的教育投入力度很大，耗费了大量的人力、物力和财力，可以说任劳任怨。

但在众多教育中，有一种教育几乎是被家长忽略的，就好像是挡在教育面前的一堵城墙，谈之色变，那就是性教育。

中国家长普遍对性教育认识不足，不知如何开展。

受传统观念的影响，人们始终对"性"隔着千层纱，是一种禁忌的概念。家长在遇到类似需要教育的情况时会立即回避，同时也会感到焦虑。

大家应该都遇到过这样一种情形：晚上，一家五口围坐在沙发上看电视，子孙三代其乐融融。就在这时，现场气氛突变，因为电视剧情中出现了亲吻的画面。只见爷爷起身去拿茶杯，奶奶低头找毛衣，爸爸站起来要去卫生间，妈妈拿

起手机回微信，宝宝双手捂着眼睛。

这一系列的动作很不连贯，他们用肢体语言来表达自己的不好意思。如果这时宝宝问上一句："妈妈，他们在干什么啊？"我想气氛应该会很尴尬，妈妈大概会说一句："小孩子懂什么，不该问的不要问。"相信，老一辈人就是这样走过来的。

但这样的回避方式正确吗？对小孩子的心理健康会造成影响吗？那么，遇到这种情况应该怎么处理呢？

回避性教育，会增加儿童对此类问题的兴趣，因为越隐藏，就越会激起儿童探索的欲望。

一些教育学者认为，性教育需要渗透在日常生活中，这样更贴近实际，有操作意义。当孩子主动提出疑问时，家长不要顾左右而言他，而要从正面思考问题，要用孩子可以理解的方式去回答，拒绝高深和晦涩难懂。

面对孩子的问题，可以这样回答：亲吻是表达喜欢的一种方式，是充满爱的，只有亲人之间才可以这样做，就像爷爷奶奶、爸爸妈妈可以亲宝宝，宝宝也可以亲他们，爸爸妈妈也可以互相亲。但宝宝不能被其他人亲，也不能去亲其他人——大人之间可以用亲吻表达爱和喜欢，但小朋友之间不可以。小朋友之间可以用拉手、一起做游戏、说悄悄话来表达喜欢和友好。

要明确地告诉孩子，亲吻是充满爱和幸福的，不要让孩子感到亲吻是羞耻的。

一些儿童心理专家认为，对孩子的性教育越早越好，儿童从两岁开始就可以接受性教育了。

第一，在性教育上，家长要起主要作用，提高认识，做好引导和教育工作，了解对儿童心理健康保护的重要性。

家长要推翻挡在性教育面前的传统观念，对性教育有一个积极的认知，在生活细节中向孩子点滴传递知识，引导孩子正确认识自己的身体。

小孩子去过幼儿园后，通常会发现自己与其他小朋友的不同。由于男女宝宝上厕所的方式不同，坐着上厕所和站着上厕所的两个小朋友会互相疑惑，回家纷纷询问父母。

这时候，家长就可以跟孩子解释男女宝宝的不同，进而让他认知自己的身体，并且让宝宝知道要保护衣服遮盖的部位，不允许任何人触碰。

第二，方式方法要得当，在生活过程中循序渐进地完成，培养孩子独立、健康的人格。

性教育要讲究技巧，用恰当的方法去进行，提高孩子的自我保护意识，增强预防意识。

电视剧《顺风妇产科》中有这样一个情节：幼儿园的老

师邀请妇产医院的院长去给孩子上一堂性教育的课程。院长
把这堂课设在了游泳馆，并且让小朋友都穿了泳衣。然后，
院长对小朋友说，泳衣遮住的地方就是隐私地带，是不能让
别人碰的。

要从小培养孩子树立自我保护意识，让他们勇敢地拒绝
坏人，增强他们的勇气和信心，建立健康的人格。

第三，关注儿童的情绪，了解儿童周围的环境，特别是家长不在时的情况。

孩子从小在父母身边长大，上幼儿园可以算是远离了父
母的视线。这时家长要了解幼儿园的具体情况，比如教学和
生活环境，老师、同学及在幼儿园可以接触到的人。

孩子去了一个陌生的新环境，家长要关注他们的情绪变
化，多与孩子沟通，掌握孩子的心理需求，尽量给予满足，
给孩子安全感和归属感。

第四，预防坏人要防患于未然，不留任何漏洞。

要告诉孩子怎样识别坏人，对陌生人和不熟的人要有所
保留，不要轻易相信他人。

当陌生人向孩子寻求帮助时，孩子一定要拒绝，因为一
个成年人的智慧和力量一定比小孩子强百倍——一个成年人
向比自己弱很多的孩子寻求帮助，或许是别有用心的。

韩国电影《素媛》就是根据真实案件改编的，罪犯向素媛寻求帮助，素媛本着助人为乐的美德替罪犯打雨伞遮雨，最后却被伤害。当时被打得鼻青脸肿的素媛还问妈妈，难道帮人是不对的吗？

这说明，素媛妈妈没有给孩子足够的安全教育，要孩子拒绝比自己更有力量和智慧的大人的求助。

提早给孩子做好安全教育和性教育，识别坏人的真面目，每个家长要早日提上日程。

最后，不同阶段的教育方法不一样，要用合适的方式进行，顺应孩子心理的发展。性教育不应该是刻意的，要润物细无声，藏在生活的点滴里，不要让孩子产生排斥心理。

随着孩子年龄的增长，他们的心智在不断发展，接受知识的能力也在增强，性教育也应该因时制宜，寻找出最适合孩子心理健康发展的教育方法。

家长要记住，对孩子的性教育一定要自然而然地与生活结合在一起，在生活中替孩子解答疑问。

对儿童的性教育，要尽量早些写入家长的教育计划中，帮助孩子做好自我认知，从小就建立起一种防范意识，将自我保护放在前面，给孩子一个独立且健康的童年。

Part 3　关于"性"的童年阴影有多恐怖

从字面上解释，阴影就是阴暗的影子，指生活中一些不好的事情。

黑暗的阴影落下帷幕，太阳将被遮住，照不进心里，严重一些就是心魔。心被困住了，常年在一个压抑恐惧的环境中，心里的阴影就会经久不散。

关于"性"的童年阴影尤其恐怖，一闭上眼，那种绝望就会出现。某美女作家自杀事件在网上引起轩然大波，后来我们了解到她书中的主角就是以自己为原型，讲述了那段痛苦残酷的往事。

在《房思琪的初恋乐园》一书中，作者描述的痛苦和纠结渗透在字里行间。我们看到一个为了摆脱童年阴影而砥砺前行的女孩，也感受到了她内心的煎熬和绝望，不断地在自我否定和自我批判中挣扎——她痛苦，甚至对未来没有期待。

这原本是一本"自救"的书，作者想要化解心魔，也想对社会做出警示，但最终她还是没能逃过心魔和阴影的摧残，最后结束了自己的生命。

在受到侵害后，她尝试与父母沟通，但都无果而终。因为母亲对"性"是回避的，她认为孩子不需要性教育，性教育是针对需要性的人，而不是孩子。

其实，正是家长对"性"的回避，对性教育的缺失，才会给孩子造成一种错觉，提起性就感到羞耻。

这是造成童年阴影一直留存的主要原因。性教育的缺失给未成年人的生活造成困扰，一旦受到侵害，大多数人会选择默默忍受。而家长如果知道了孩子受害的事实，大多也会掩盖过去，不让别人知道。

这就会给孩子造成另一种困扰，除了被侵害的恐惧，还有一种被人知道了的羞耻感，甚至产生自卑感。

《白夜行》中的女主雪穗，同样也拥有"性"的童年阴影。母亲的漠视和残忍，或许比事件本身更让人难以接受，这更让雪穗感到现实的黑暗，给她带来的童年阴影影响到了她的一生。她开始变得阴暗，心理不健康，最后在犯罪的道路上一去不返。

雪穗说的一段话让人感到悲伤：她的人生一直是黑暗的，没有太阳。亮司是她唯一的一点光，这一点光支撑着她走到了最后。

在书中，亮司也是一个悲惨人物，他父亲有恋童癖，母亲偷情，这些给他幼小的心灵造成了不可磨灭的伤害。从他杀死自己的父亲开始，他的一生就注定要活在黑暗中。

雪穗和亮司都是被童年阴影荼毒的人，终生都没有摆脱心魔，一直在受童年阴影的伤害。

受害者存在童年阴影，如果不能正确引导他们从伤害中走出来，那么结果就是极端的。一部分人会一直受到心魔的影响，负面情绪积聚在心里，一旦达到顶点，就会控制不住悲观情绪，导致最后亲手结束自己的生命。

还有一部分人受到侵害后变得心理扭曲、阴暗，甚至暴躁易怒，成为问题少年或问题少女，最后走上犯罪的道路。只有少部分人可以正常生活，但依旧遭受阴影的侵袭，心灵深处是孤独无助的。

从这两个案例中，我们可以看到关于"性"的童年阴影对受害者的负面影响有多么严重。

受害者一直在挣扎，却一直活在回忆的痛苦里。他们情绪失控，低落或隐忍，歇斯底里或自卑。有时，他们也想要越过内心的心魔、翻过耻感的阻隔，好不容易做好心理预防，鼓起勇气跟父母旁敲侧击，却意外知晓"性"在当下就是不被接受的。这样，被污染的心灵再也回不到从前，没有任何理解，只有羞耻感。

父母对性教育的缺失，没有任何形式的预防，甚至绝口不提、漠视，这一切都会给孩子造成一个误区：性，不可以提，被侵害了也不可以说，因为每个人都有羞耻感。

还有一些孩子因为害怕、恐惧，会将做错的事死死咬住，压在心底最深处。他们不会告诉父母，也不会跟朋友讲，只是在深夜中慢慢遭受心魔的荼毒，煎熬着临近崩溃的心情。

这就像埋藏在心中的火山，无数负能量和坏情绪都被赶到里面，蓄势待发着想要喷涌而出。可一旦宣泄出来，力气也耗尽了，精神也崩溃了，一切都变成焦土，寸草不生。

孩子的心灵很脆弱，因为涉世未深，理解和恢复能力较差，一旦受到伤害，就可能是家长终生的遗憾。

孩子是一个家庭中最重要的组成部分，如果孩子一直处于阴暗状态，那么这个家庭也是不幸的。

在人生中最重要的花季遭遇了悲惨的事情，仿佛遇到了人生中的强台风。

台风夺走了原本美好的时光，留下悲伤和痛苦，从此，噩梦般的乌云和龙卷风就一直停留在记忆里，所以自怨自艾，所以悲观地认为人生轨迹已经终结。

其实，人生的路很长，挣扎在淤泥中尚且还能看到太阳，放弃了就是永远的黑暗——要用爱和温暖去自我保护，能够拯救自己心灵的唯有自己。

坏情绪和噩梦都需要自己一步一步走出来，自我调节很重要。当然，在脆弱时需要亲人的陪伴，在关键时刻能将陷入沼泽地中的你拖拽出来，给你支持和鼓励，理解和帮助，让你重新找到存在感，找到活下去的理由和勇气。

生活在纷繁复杂的尘世，喧嚣和浮华都是过眼云烟。外面的世界无关紧要，重要的是保留初心，一颗从出生开始就跳动的鲜活的心。

保护自己的心灵，维护自己的尊严，帮助自己从童年阴影中走出来，这虽然很难，但还是要咬牙坚持。

人与动物之间最大的不同之处就在于情感意识，我们要相信，只要爱还在，生命之火就不会熄灭。爱自己，更爱自己的心灵，那就是源源不断的能量。

Part 4　为什么会有那么多的恋童癖

近几年被曝光的幼儿园猥亵案有很多起，家长发现后惊慌失措，一方面痛斥那些老师无德，另一方面担心孩子留下童年阴影，影响他们的健康成长。

一次猥亵有可能毁掉整个家庭和一个孩童的未来，影响恶劣，令人脊背一寒。

研究表明，童年时期遭到性侵的人，在成年后患抑郁症或其他心理疾病的几率较大，他们敏感脆弱，心理自卑，行为失常，还可能出现幻听症状。

为什么罪犯要选择儿童下手呢？在这里就要提到一种心理怪癖：恋童癖。

恋童癖这个概念初次出现是在19世纪末，在西方有一起影响巨大的恋童案件一度成为人们的噩梦——天主教会中的神父被曝出猥亵儿童的行为。

出现多起猥亵儿童案件后，天主教在人们心中的权威性大打折扣。事件发生后，法律法规自然会对恋童癖有所约束，但严厉的惩罚并没有阻止惨剧继续发生，一些隐藏在人群中的衣冠禽兽依旧在暗处舔舐着獠牙对准儿童，稍不提防，儿童就会惨遭伤害。

恋童癖对儿童有着特殊的偏爱，妄想从儿童身上使自己的变态心理得到满足，尤其爱对14岁以下的孩子产生幻想，进而摧毁他们的健康心理。

据研究表明，恋童癖的犯案对象70%都是熟人，如果这个"熟人"位于亲戚之列，还涉及乱伦行为。还有很多是邻居作案，生活在一个小区，在孩子无人看管或家长疏于看管时哄骗孩子，对孩子施暴。

社会上报道的猥亵案，最后对施暴者的惩罚被网友普遍认为太轻，没有让坏人得到应有的惩罚。

在这里不得不提电影《素媛》中强奸犯被判刑，不过等罪犯刑期一满被释放之日，被害者素媛才刚成年，这令家属感到很悲愤，认为判刑太轻。

很多网友支持判死刑，这时微博上有一网友提出："法律要留有余地，这个余地不是给施暴者的，而是给受害者一个生还的机会。"假如强奸犯与杀人犯判的刑一致，那么受害者一定会被灭口，来个死无对证，施暴者就有可能一直逍遥法外。法律约束不了恋童癖阴暗的心理，因为他们没有道德和底线，约束不了自己的行为。

遭到猥亵的儿童一定有心理阴影。一般来说，他们可能不会主动去跟家长说，因为从前没遇到过这种事情，家长也没有做出任何安全教育。那么，这时就需要家长仔细观察孩子的情绪。

遭受性侵的孩子，一定会出现行为和情绪的异常，比如睡眠不好，怕黑，做噩梦，会大喊大叫，情绪不稳定，或者食欲减退，身体出现淤青……家长一定要做到关心孩子的身体和心理健康，一旦发现异常，一定要及时了解情况，替孩子疏导心情，重新让他们快乐起来。

除去事后疏导，一定的预防措施也很必要。家长要将性启蒙教育工作落到生活中，告诉他们怎样保护自己的身体，勇敢说不，不让别人碰触自己身体隐私的地方。

关于性，不要让它成为敏感话题，要在孩子产生好奇时正面地讲出来。还可以去书店买一些性启蒙教育的绘本和书，在孩子询问时为他讲解，满足他的好奇心。不要藏着掖着，最后令孩子更好奇。

当然，儿童在遭到猥亵后如果没有及时调节好情绪，影响到心理健康，那么，这个阴影就会一直伴随孩子长大。因此，这个受害者一定会承受巨大的伤害，要扛着压力和心灵阴影继续生活。

我认为，对于童年阴影和负面情绪最佳的解决方式就是"疏通"，就像血管中的血栓和血脂，淤堵了就要想办法疏通，直接面对和积极应对，将童年阴影赶走。

研究发现，恋童癖的人都曾有过被虐待的童年阴影，小时候他们被暴力和虐待包裹着，神经和视觉中充斥着犯罪和狂暴，耳濡目染下造成了性格缺陷。

这让我想起一部影片《蝴蝶效应》，男主的邻居大叔就是个恋童癖。他有特殊的爱好，就是找几个孩子去家里的地下室，让孩子们脱衣服摆姿势拍色情照片。而在阴暗的楼梯上，恋童癖大叔的孩子也是满脸狰狞，眼睛里充满了暴虐，狠狠地将手中布娃娃的头拽了下来。

除此之外，恋童癖的亲情意识薄弱，从小受到的关爱较少。换句话说，他们的性格冷漠无情，家庭没有爱和温度，就像生活在冰窖里。

《熔炉》也是由真实案件改编的电影，影片中的校长和老师猥亵儿童，给孩子造成巨大的心理阴影和恐惧。他们是行为恶劣、心理变态的恋童癖，表面光鲜亮丽，背后腐烂变质，整个生活就是冰冷和压抑的，与家人关系疏离。

除去病理性原因和神经系统的原因，恋童癖受社会和家庭环境因素的影响巨大。可恨之人必有可怜之处，但这不能掩盖他们伤害儿童的事实。

恋童癖心理藏在心底不去害人，意识到了就需要积极配合治疗。如果一旦像病毒一样蔓延到全身，那么，就只能受到社会的谴责和法律的惩罚。

整个社会都对恋童癖深恶痛绝，憎恨他们对儿童做出的暴行，摧毁了最具生命力和希望的幼小儿童的身心健康，让他们在恐惧和阴影中挣扎。

真相往往比荧幕上的影视片段来得更残酷，恶劣影响也许终其一生都挣脱不了。有人一直活在过去的恐惧和阴影中，焦虑不安，敏感多疑；有人挣扎一生却抵挡不住内心的煎熬，最后选择自杀，结束生命。

只要一想到这个恶劣恐怖的阴影要从童年一直伴随到长大后，甚至是未来的某一天，就觉得心疼不已，为那些孩子感到担忧。

所以，对于这部分儿童的身心健康的调节和舒缓要细心再细心，争取早日将阴影赶走，让他们重拾阳光。

第六篇

情绪失控与多重人格

Part 1 变态都有什么样的特质

情绪失控会产生很多问题，甚至导致不可想象的结果。

《礼记·礼运》中对人的七情有所记载，就是喜、怒、哀、惧、爱、恶、欲。这些情绪人人都有，在正常情况下出现时会维持一个均衡的度，不会对人产生负面影响。但情绪失控，负面情绪难以控制，就会对身心健康造成伤害。

中医学上有一种理论，说人的七种情绪如果过度膨胀，激动过度，就会引起肝火旺盛，气血不调，继而产生疾病。同理，也会对心理造成严重损伤。

七宗罪中提到的恶行其实就是罪恶的根源。13世纪道明会神父多玛斯·阿奎纳列出了七种重大的恶行表现，这是情绪失控后会导致的最严重的情形。这七种恶行分别是：傲慢、嫉妒、暴怒、懒惰、贪婪、贪食和色欲。

情绪在可控范围内，则人的行为会按照正常方式进行。如果超出预期，控制不了负面情绪，会恶化到一个想象不到的地步，进一步就会产生恶念导致恶果。

情绪失控的极端表现，跟别人不一样，甚至与社会格格不入，在正常人看来就是变态。他们思维怪异、偏激，行为容易被负面情绪左右，做出一些伤人伤己的举动。

那么，变态都有什么样的特质呢？应该怎么看待这类极端的心理问题呢？

世界上有好人，就有坏人。世界上一切问题都需要用辩证的思维看待，情绪的两面性就决定着变态也有两面性。

可怜之人必有可恨之处，可恶之人也一定有可怜之处。这可能源于各种方面，当然最重要的一点就是原生家庭产生的童年阴影。

很多网友不同意将黑锅全部甩给原生家庭，自己也需要负一定的责任，那么，我们在这一点上也用辩证思维来判断。

造成犯罪或恶行的原因分内因和外因，内因是自己本身，外因则是原生家庭、社会环境。内因是根本原因，外因是重要条件，一个人作恶是内因和外因共同作用的结果。

现在，就让我们近距离观察一下所谓的"变态"：

首先，"变态"的内心世界拥有强大的恶念，思维模式受限，凡事愿意相信坏的一面，情绪波动很大，并且难以

控制。在情绪的低谷不思改变，而是放任，没有一个清晰的目标，认为全世界都抛弃了他。

这类人大多没有安全感，敏感脆弱，外表却强硬——试图用坚硬的外壳保护自己脆弱的心灵。

这就是为什么在面对匪徒和罪犯时，警方要先稳住嫌疑人的情绪，并且第一时间联系谈判专家。这些谈判专家专门研究犯罪心理，可以通过说服和感化来缓解嫌疑人的情绪，从而找机会攻破他们的心理防线，减少不必要的伤亡。

这些人认为周围的人有恶意，同时也做出提防的姿态。因为敏感，他们的情绪很容易失控，会产生嫉恨、暴怒等极端心理，稍有不慎就会将怒火引向他人。

这也跟他们本身的性格和脾气、秉性有关，越是内向多疑的人，也就越容易走极端。他们会通过暴力解决问题，在那一瞬间，他们的整个神志都是疯狂的。

其实，他们这样处理负面情绪是有一个思维和行为惯性的。在第一次出现负面情绪时，他们会向周围的人学习如何处理，时间久了就会成为习惯。

这也就是为什么说家暴男的一家一般都有家暴历史，都是小孩在有样学样——看父亲心烦易怒时，学着借酒消愁，学着用暴力发泄压力。由此看来，有一个好榜样在身边是多么的重要。

其次，原生家庭关系混乱，暴力、抛弃、羞辱、犯罪，周围的一切都呈黑色。童年生活坎坷曲折，受尽苦难。

原生家庭能潜移默化地影响一个人的性格和脾气。在孩子面前，父母就像一面旗帜，高高在上精神抖擞地挺立着，孩子会自然而然地学习，模仿他们的处事态度和方法。

在一个家庭中，父母都表现出爱和温暖，给予孩子鼓励和支持，给孩子独立和树立自信心的机会，那么，孩子也会朝着好的方向奔跑。

但长大后成为变态的那部分人，原生家庭也大多不堪。比如，父亲坐牢，母亲跑了，孩子最后走上犯罪之路，这样的例子比比皆是。

父亲暴力，母亲弱势，会滋生孩子的仇视心理。他会自卑，缺乏安全感，甚至在遇到坎坷时也会用暴力解决，最后成为跟他父亲一样的人。

心理学家认为，原生家庭对孩子的影响可以说是一辈子的，终其一生也难以挣脱。在儿童时期，如果给孩子灌输暴力、怒火、打击、压制，那么，孩子也会回之以记恨、粗暴、自卑、嫉妒。

犯罪心理学学者在研究罪犯的弱点时，都会从他童年时期遭受的痛苦中寻找突破口。可见，童年时期回忆的美好与否，直接影响一个人未来的生活是否幸福。

最后，先天不足，后天缺少榜样，与黑色生命力无缘，对坏情绪放任自流，将自己的困苦施加在无辜的人身上。他们敏感多疑，孤僻怪异，喜怒无常，对世界充满敌意。

在本文第一篇中提到过黑色生命力，案例中的雷恩就是一个拥有黑色生命力的男孩。他的原生家庭很不堪，但他最后靠着强大的生命力与原生家庭抗争，从那一场没有硝烟的自我斗争中摆脱掉了原生家庭带给他的伤害和打击。

这就是典型的内因战胜外因，突破自我，成就未来的积极案例。

内因是决定事物发展的根本原因，那么，相较于原生家庭这个外因，自身性格和能力才是决定未来发展的本质。

我命由我不由天，不受外界环境因素的侵扰，不断塑造人格，与原生家庭中的"恶念"剥离，这才是正确的人生道路。

而变态心理则是与之相反的一种产物，他们自怨自艾，将一切推给原生家庭，推给残酷的现实环境。殊不知，同样的环境里会出现两个性格迥异的人。

简而言之，变态的特质就是任由情绪失控，走上负面情绪的一种极端。分析了解这种特质，可以警示我们要用正确的方式处理坏情绪，而不是让坏情绪掌控我们的人生。

希望大家引以为戒。

Part 2 反社会人格障碍——除了我都该死

留学生章莹颖失踪案终于有了定论，罪犯克里斯滕森与她在同一所学校当助教，是众人眼中的高才生。但就是这样一个可以被社会誉为成功人士的人，绑架并杀害了一个花季少女，从案发到被审问，克里斯滕森都表现得很冷漠，毫无悔过之心。

到底是什么原因促使克里斯滕森走上犯罪道路的呢？

据媒体了解，克里斯滕森与妻子的关系并不和谐，身边也没有要好的朋友，社会共情能力很差。他可以说是一个内心阴暗的人，没有怜悯之情，对现实不满，有反社会型人格障碍，犯案手段残忍。

反社会型人格障碍还有一种通俗易懂的称呼，叫作无情型人格障碍。简单来说，就是这个人对感情看得很淡，几乎没有人跟他谈感情，因为他全然不知"情为何物"。这就是所谓的社会共情能力薄弱，但这里所说的"薄"形同虚设。

共情能力，也就是情感理解力，是指可以站在他人的角度去考虑问题，从而使自己理解和感触到他人的情感。而患有反社会型人格障碍的人，他们几乎不存在共情能力，情感意识淡薄，不会被感动，也不会做任何感动他人的事。他们活在自己的世界里，自负又自傲，自我感觉世界上除了他自己，其他人都没有存在的价值。

克里斯滕森的共情能力就很差，与亲人感情一般，身边无朋友，不与他人沟通。他不敬畏生命，绑架和伤害一个弱女孩，事后还有意无意间炫耀他的作案手法，毫无悔过之心。

英国著名心理学家科恩在《恶的科学》中提到，人类的残忍行为与共情能力的缺失有很大关系。他认为，患有反社会型人格障碍的人都缺失共情能力，这些人之所以会做出残忍的行为，就是因为没有情感意识。

科恩说，情感是珍贵的能源，共情具有很重要的影响力，可以帮助人们解决许多矛盾。比如，工作和家庭中出现的各种矛盾和摩擦，人与人之间产生的矛盾和纠纷，都可以利用共情能力去缓解和解决。

如果人人都会换位思考，都会用情感意识去理解和包容他人，那么，我们的生活就会越来越美好。

除了共情能力差，反社会型人格障碍者也存在童年阴影，这来自原生家庭对他们的伤害。

克里斯滕森的童年缺乏关爱，他是在一个没有爱的环境下长大的。母亲嗜酒，父亲漠视，给他的心灵造成不可磨灭的伤害。他在青春期妄图自杀，从 4 米高的架子上跳下，冲出马路撞车，可以说身心都受到伤害。这使他对亲人、对社会都产生了负面情绪，并且任由负面情绪左右自己的行为，最后导致他有了伤害他人的心态，并且成功实施。

那么，所有的罪犯都具有反社会人格障碍吗？

答案是否定的。一般罪犯会有悔过之心，会后悔自己所做的残忍行为，潜逃在外会感到恐惧和焦虑，这时会去警局自首。如果有家人，还会担心家人的安危。

但反社会人格障碍者不会对自己的恶劣行为感到羞愧，他们具有强烈的攻击性，缺乏共情能力，没有道德底线，丧失了良知。

面对一般罪犯，警察还可以通过情感来感化他，用亲情唤醒他们的良知。但是具有反社会人格障碍的罪犯，他们内心冰冷，没有感情，妄图用情感去感化他们绝无可能。

此外，他们还善于伪装，潜藏在人群里不被发现。当负能量积攒到一定程度，超出最高负荷，暴力情绪就会抵达临界点，从而宣泄而出，一发不可收拾，给他人带来伤害，对社会造成恐慌。

近年来，有一种垃圾人定律在网络上很流行。所谓垃圾人，从字面上解释就是身上满载着"垃圾"，超负荷了就需要找个地方倒掉，这时候刚好碰到一个人，就把"垃圾"全部倒在那人身上了。

垃圾代表负面情绪，垃圾人生活在我们周围，他们经常沮丧、暴躁、嫉妒、仇恨，负面情绪爆棚时遇到人就爆炸了，将一切暴力和憎恨都丢在他人身上。

一对情侣出去吃宵夜，邻桌的醉汉朝女孩吹口哨，言语不堪入耳。女孩不忿，让男友去理论，男友想要远离醉汉，但女孩气急，自己去找醉汉理论。

没想到，几个醉汉将女孩和她男友打了一顿，男孩还被捅了好几刀。悲剧就这样发生了，如果女孩听了男孩的话立即远离，那么也不必承受如此恶果。

这个案例告诉我们要远离垃圾人，因为他们会做出非常不理智和残忍的事情。

垃圾人与反社会人格存在相似之处，他们的情绪自控力很差，被负面情绪左右，肆意挥霍暴怒和仇恨，会在意想不到的情况下做出残忍行为。

患有反社会人格障碍的人漠视生命，一切都可以成为他们宣泄愤怒的对象，除了他自己，其他人都该死。

遇到反社会人格的人，不要妄图用情感去感化，也不要同情他们的童年经历，要相信自己的个人感觉，存在危险的可能即要远离。

Part 3　坏情绪会传染——踢猫效应

心理学上有一个理论叫兴奋迁移理论，简单来讲，就是坏情绪具有传染性，一个人的坏情绪可以通过言语、神态、表情传递给另一个人；另一个人如果处理不好突如其来的坏情绪，那么又会传递给下一个人。

打个比方，菜贩收到假币后很生气，将怒气传递给了妻子。妻子憋了一肚子气，回到家后给孩子辅导作业，孩子磨蹭不写，甚至故意撕坏作业本。妻子气急，将白天在菜市场压下去的怒气又勾了上来，最终把怒气发泄到孩子身上。

这个兴奋迁移理论与一个很有趣的心理学效应相似，那就是踢猫效应。

所谓踢猫效应，就是一种坏情绪发泄链条，而链条是呈阶梯分布的。负面情绪和负能量从高阶发泄到低阶，一级一级很有序，而最低级的那一层就是坏情绪的终结者，只能靠自己来消耗。

人类具有动物的本能，能趋利避害，会下意识地将情绪发泄给比自己弱小的人。

每个人都会有负面情绪，比如嫉妒、生气、暴怒、自卑，这些情绪在平时会维持在一个平衡状态，一点一点被装在心里，不会越雷池一步。但当坏情绪积攒过多，在某一瞬间填满，那么就需要发泄出去。

一般来说，坏情绪发泄的对象是比自己弱或等级低的人，或者是自己的亲人。

在竞争压力巨大的社会环境中，大多数人都能做到在单位高度抗压，吸收来自上级、同事或客户的坏情绪。他们隐藏得很好，不发泄，能绷住心态。可到家后，他们的情绪就会在某个点被引爆，从而将怒气一股脑儿地咆哮给亲人。

这样，怒气是转移了，但它是从单位带回来的，是积攒了一天的坏情绪，而全部发泄到亲人身上，也就是将外面的怒气转移到了家里，这显然很不明智。

坏情绪的失控，不受控制的转移，最后还是会伤害到自己。在坏情绪传染的一圈里，这是一个轮回，没有人能得到幸福，大家都受到了伤害。

现在来看一下踢猫效应的原版故事，大家可以具体分析一下故事中的每一个人是否都受到了坏情绪的影响和伤害。

一位父亲在公司被上司批评，回到家后，把在家里乱蹦的孩子骂了一顿。孩子憋气，转头狠狠踢了一脚身边的猫。

猫受了刺激大叫，跳到父亲身上挠了他的脸。

这个故事就像一个圈，圈子里的人互相影响。负面情绪会从父亲转移到儿子身上，又从儿子身上转移到猫身上，最后猫把父亲的脸抓破了——负面情绪的起点变成终点，并且最终被坏情绪伤到。

如果坏情绪会转移，会随着人的传播而转移到另一个人身上，那么，正面情绪是否也具备这一点呢？

事实证明，兴奋迁移理论不仅适用于负面情绪，正面情绪也可以传递，会促进和激励人们努力奋进，砥砺前行。

快到年底了，公司的目标业绩还差很多，经理被财务报表打击得双眼发呆，此时又收到总公司的降薪通知，他压力很大，也很生气。但他没有将负面情绪传递给公司的中层干部，反而从另一方面肯定了他们的工作，并且鼓励他们多思多想来提高业绩。

被经理表扬的中层干部很受鼓舞，斗志昂扬，立志在接下来的两个月里提高销售额，主动加班谈合作，促成交易。

同事们感受到了领导干部积极向上和乐观的态度，工作起来心情也舒畅，对下一级员工都和颜悦色，正面鼓劲儿。

底层员工回到家里，对亲人更是洗手做羹汤，耐心辅导孩子作业。

公司中，每一个级别的职员都充满激情，团结一致要提升业绩。到了年底，财务报表的数字果然好看了很多，每个员工都得到了一份不薄的红包。

兴奋迁移理论告诉我们，情绪可以通过人的媒介传播，好和坏只在一念之间。情绪失控的一瞬间如何处理，最考验一个人的情绪管理水平。

我们都知道，负面情绪达到一定程度就会产生不良结果，瞬间的冲动和暴怒有可能伤人，最后伤己。

纵观社会上发生的杀人事件，大多是一个人处于暴怒状态下发生的行为，无论是因爱杀人还是因怒杀人，都是因为没有从根源上处理自己的坏情绪。

嫉妒、暴怒、仇恨，这些阴暗的字眼读起来都有些残酷，那么，我们就应该避免被坏情绪左右，拒绝发生踢猫效应这类事情。

人在做出暴虐行为前，负面情绪一直交织在脑海里，最后脑袋一热，手脚就不受理智的控制了。

负面情绪就像一颗定时炸弹，是很可怕的存在。一旦被最后一根稻草压倒，所有的愤怒和暴躁都倾泻而出，那么就有可能引爆良知和底线，冲破人性的束缚，做出伤害他人的行为。

可见，情绪管理具有重要的作用，它可以预防犯罪。

生而为人，我们务必善良，修身修德修心，帮助他人。

当负面情绪来临时，我们要用适当的方法舒解它、引导它、消耗它，将它转移到好的方面。

情绪修养是一生的话题，提到坏情绪，首先要三思而后行，需要时刻提醒自己保持冷静，远离暴怒。

其次是学会视线转移，将注意力转移到其他地方，不让坏情绪占满大脑，等冷静下来再去分析事情，这样或许会柳暗花明。

最后要常修心，保持一颗佛系心，对万事万物都要顺其自然，该发生的注定要发生，不该发生的强求也没用。

愿你我再遇到坏情绪时可以顺利地将它转化，不要让一瞬间的愤怒或暴力情绪控制我们的心神，永远保持一颗平淡善良的心。

Part 4　你的身体里住着几个人

《军团》是一部烧脑美剧，主人公有严重的人格障碍，可以分裂成一千多个人格，每一个人格都具有一项独特的技能。这操作真令人瞠目结舌。

　　人格分裂也叫作多重人格障碍，是一个人具有两个以上的人格，他们彼此并不知道对方的存在，在极大的压力下才会显露出来。通俗地来解释，就是一个人的身体里住着多个人，这些人共用一个身体，拥有不同个性的人格特征。

　　接下来，我们通过一个形象的案例来认识一下人格分裂症，分析引起这种病症的原因在哪里，以及如何应对。

　　热播剧《三个女人一个因》中，女主角就患有多重人格障碍。

　　女主角努力学习，严格自律，大学毕业后开了一家律师事务所，是一个励志女神。她的主人格是一位知名律师。

　　她生活幸福，有一个优秀的男友，一切看似完美，充满幸福。而在她压力过大，管控不了自己的情绪时，其他人格就出现了。

　　女主角暴怒后发泄情绪时，次人格就会出现。这是她在童年时期喜爱的动漫人物形象，暴力、激情四射，也充满活力、我行我素，可以随心所欲地生活。

　　当女主角遇到困扰和挫折被打击时，她就会变得情绪低落，自卑感作祟，从而出现第三人格。第三人格的表现则像宅女，背负着沉重的负能量，遇到事情总是逃避，不敢面对，对自己只有否定。

　　由此可见，这部剧的女主角正承受着心理上巨大的压力，不能做好情绪管理，任由情绪经历巨大的波动，从而导致人格分裂。

多重人格分裂症患者的主人格，是不同于次人格或其他人格的，他们具有相反的性格特征，甚至互相排斥。比如主人格是温柔、善良的，那么次人格可能是暴怒、残忍的。

有人认为，次人格的出现是为了弥补主人格性格中的缺陷，有些次人格是为了保护主人格而存在的。换句话说，就是主人格处于弱势时，会幻想有人来保护自己，长时间处于逆境或高压状态，会衍生出第二人格。如果没有人来救他，那么他自己会分裂出一个"人"来自救。

人格代表的是人的精神力量，是一种稳定的状态，具有独特的特征。

在现实生活中，人们需要树立健康的人格，具有传递正能量的人格魅力。当然，人格的塑造受很多因素的影响，除去先天性格因素，绝大部分受社会环境因素的影响。

一些心理学家认为，儿童的人格塑造是否顺利，心理健康与否，会影响成年后的生活，甚至会给一生造成伤害。他们认为，多重人格障碍是由于儿童时期遭受到了虐待或伤害，这些行为足以形成童年阴影，成为永远无法改变的恐怖事实。

患有多重人格分裂症的人，或许在心智不成熟的童年时期被最亲的人伤害过，或施暴打骂，或抛弃羞辱。他们会恐惧、焦虑，出现了负面情绪。然后，他们反问自己犯了什么错要被虐待，会本能地找至亲去依靠。但那显然行不通，最后他们的情绪会低落到谷底，但并不会触底反弹，反而会滋生出另一种人格。

人在遇到危险、遭受伤害时，会本能地想要逃走。如果逃不走，意识层面会极度活跃，内心会分离出另一个自己。

也可以说，他们创造了另一个自己，这个人更坚强、更有力量，可以是超级英雄，也可以是大反派。但无所谓，重要的是这个人可以保护自己逃离施暴现场，远离伤害。

第二人格，就这样被"创造"出来了。

现在，我们不妨将剧情推向主人公的童年。父亲在主人公未出生时突然离开，母亲因为怀有身孕告别了舞蹈生涯，生下她后患了产后抑郁症。

成长过程中，母亲对她非常严苛，给她留下了很不愉快的童年阴影，她甚至对母亲产生了恐惧心理。她怕黑，怕蟑螂，很难掌控自己的情绪，任由情绪在暴怒和极度伤心中度过，不能做出改善。

而她的第二人格便在童年时就有了雏形。那是她 10 岁时最喜欢的动漫人物，是一个性格豪爽，但行为乖张、做事不顾后果的暴力女。

我猜想，一定是主人公在遭受打击时，幻想这个动漫人物来拯救她，结果，她自己"创造"了一个动漫暴力女自救。

其实，情绪问题可以引发许多心理问题。一个人长期被负面情绪侵扰，又难以自控，那么就难免被情绪所控，给心理造成压力，逐渐转化为心理问题，形成心魔。

而情绪又是最难控制的。人有七情六欲，在现实社会的影响下，这些简单的情绪被夸大、负面化，不能转化为动力或正面向上的力量，那么势必就会侵蚀心理健康。

情绪出现问题，心理不健康，导致人格出现缺陷，那么就有可能变成人格障碍。仔细想想，从出生到年老，想要一直保持身心的健康状态，需要花费多少精力。

所以，想要保持心理健康，想要幸福的人生，就需要充分认识自己，了解人格中的缺陷和问题，及时修复和填补，锻炼独立坚强的人格，面对生活的坎坷和磨难都有勇气和力量去对抗，而不是逃避，幻想第二人格来帮助。

你要坚信一点，人生充满了无限的可能，未来一定掌握在自己的手中——把握住，机遇和奇迹就在不远的地方。

○
○
○

第七篇

怪　癖

○
○
○

Part 1　恋物癖

　　许多人都有恋物情结，有人喜欢收集各个国家的硬币，五彩缤纷的糖纸，各种啤酒的瓶盖；有人喜欢购买价格高昂的翡翠，令人心醉的珠宝，名家的书画；也有人喜欢收集各种装粗粮的瓶瓶罐罐，明星穿过的袜子，或是产地不同的茶叶。

　　以上这些恋物情结都是正常的，符合人们对于"喜欢"的界定。但有些恋物情结发展到严重甚至是病态的时候，就会成为恋物癖。

　　恋物癖患者对于"物"的痴迷程度，已经达到登峰造极的境界，而这些"物"当中，比较常见的就是女士的内衣、丝袜、头发和鞋子。

　　某小区发生这样一件怪事：小区业主晾晒在走廊的床单频频丢失。起先，业主认为床单是被大风刮走了，但丢床单的业主越来越多，更有一对新婚夫妇价值万元的床单丢失。

业主见事态严重，于是报了警。

警察在经过一番调查后，抓到了偷床单的男人。这是个不显山露水的中年男子，平时跟其他业主的交流不多，看起来很无害的样子，但他家中竟然有一大摞床单，都被他整整齐齐地摆放在卧室里。

据了解，该男子离异后一直独居，性格越来越孤僻，而偷床单可以让他感到很刺激，满足兴奋感。他也表明自己有严重的"床单情结"。

案情了解了，经过心理医生的对症分析，该男子偷窃床单的行为属于典型的恋物癖。

恋物癖是一种心理疾病，只要在发现自己有类似怪癖的行为时及时治疗，还是可以治愈的。但如果任由其发展，最后势必会伤人伤己。

有数据显示，男性患恋物癖的比例比女性大。恋物癖患者可以通过某种物体达到性唤起或高潮，而患者迷恋的对象也可以是人的某些部位，比如头发、脚趾、手指甲、体毛、胸部等。比如，宋元以来的缠足，19世纪西方的束腰，以及现代的大眼睛、高鼻梁、锥子脸这种整容脸等。

如果将患者从恋物到恋物癖的过程更形象地表达出来，那么就像是玩火。

起先，患者只是试探性地点燃一根火柴，并且告诉自己只是试一试，在火焰燃起时觉得异常兴奋。紧接着就跃跃欲试，一次又一次地满足心灵上的刺激，挑战极限。

那之后会发生什么呢？从一次两次到几乎每天，再往后就会站在危险的边缘，最后毅然决然地一头扎进熊熊大火里。

微博上有网友发帖子，说自己有恋物癖，特别喜欢卫生巾。上大学时，他会买女性的内裤和卫生巾，最开始只是偶尔穿着女性内裤，他最钟爱蕾丝样式的，垫着卫生巾，渐渐地，每天就这样出门。

对于卫生巾，他或许比女生还了解得全面，国内的品牌几乎都用过了。住在寝室里时，他还担心女性内裤和卫生巾会被室友发现，每次洗澡的时候都背着室友拿女性内裤和卫生巾，洗完澡要垫着。

不仅如此，他还会像女生一样，在不同时间选择更换不同长度的卫生巾。

这种做法真可谓是无语问苍天，女生本身觉得每个月的生理期很难熬，会疼痛、怕冷，而这个男生竟然会有如此特殊的癖好，当真佩服。

好在，他的这种行为没有影响到他人，没有像有些恋物癖患者去偷女性内裤。但长此以往，他的身心也会出现严重的创伤，应该及早治疗。

其实，异装癖也是恋物癖的一种——穿异性的衣服，比女生还精致的妆容，同样也可以满足患者的内心。

一般来说，恋物癖和性是联系在一起的。正如美剧《绝望的主妇》中 Bree 的丈夫 REX 偷情出轨，剧中有一个镜头就是一个妖艳女人穿着高跟鞋从他的身上走过去，以达到他的性唤起，这也是一种怪癖。

那么，恋物癖到底是什么原因导致的呢？

精神分析学鼻祖弗洛伊德曾经提出过有关恋物癖的学说，他认为，男性患恋物癖与童年时期的"阉割焦虑"有关。所谓"阉割焦虑"，就是男孩在童年时期的某个阶段会产生一种害怕被阉割的焦虑，这与恋母情结也有关联。他认为男孩会产生对性的期待，但会压抑住自己对母亲的任何幻想，因为这是不被允许的。

大多数男人患有恋物癖是由于性格内向、敏感、自卑，在婚姻中处于压抑的一方，家庭地位不高，在社会上也不被尊重，是一个不成功的角色。久而久之，这种压抑就会变质，通过另一种极端方式释放出来，从一开始的迷恋到最后形成恋物癖，一发不可收拾。

那么，我们怎么去治疗恋物癖患者呢？

虽然恋物癖也算是一种病症，但大多数恋物癖患者不会伤害到他人，我们对恋物癖患者不要有歧视，不能戴有色眼镜，要认真对待。

首先，家庭成员要多给患者支持和鼓励，多给患者自信心和正能量，帮助患者从恋物的怪癖中走出来。

其次就是直接疗法，用刺激性的方法治疗恋物癖。比如，恋物癖患者在偷窃女性内衣后进行幻想时，用电击法打断他的性幻想，或在内衣上抹痒痒粉，让患者接触内衣时奇痒无比，打断患者的病态行为。

这种方法类似于母亲给孩子戒奶，一般都会在乳头上抹酱油或稀释过的芥末，孩子一接触乳头觉得不好吃，自然而然就不会再去想母乳了。

Part 2　恋母情结

韩国电影《黑洞》讲述了一个由恋母情结引发的悲剧，在恋母情结的表象背后，还有一个控制欲和占有欲都很强的母亲。

心理学大师弗洛伊德曾经指出，恋母情结人人都有，特别是在儿童时期，男孩有可能产生阉割焦虑，并且随着阉割焦虑的出现，恋母情结就会被压制，逐渐消失。

心理学新学派对弗洛伊德的理论产生怀疑，认为社会上出现这种情结的人少之又少，不像他所说的那样严重。但《黑洞》这部电影又引起我们对儿童教育的反思，现在让我们一起回顾一下电影中的情节。

《黑洞》中的男主自幼丧父，由母亲抚养长大，对母亲的依恋程度很深。30年来，母亲负责他的一日三餐、穿衣打扮，甚至洗澡都由母亲帮忙完成。男主早上赖床都是由母亲叫醒，两人的关系很亲密。

这看似和谐的生活被年轻貌美的儿媳打断，母亲难以忍受家庭生活里出现第三个人，感觉儿子像是被儿媳抢走了一般。母亲的控制意识很强，并且产生强烈的嫉妒心和占有欲，最后导致情绪失控，陷入情绪黑洞中，造成悲剧发生。

恋母情结其实是从婴儿期开始的，身体的本能让婴儿对母亲产生依赖和信任，会崇拜母亲，跟着母亲的脚步成长。

所以，儿童时期孩子的心理发展还需要母亲引导，这时候要关注孩子的心理健康问题，因为一旦引导不好或过度干预，则会使儿童的心理朝着负面方向发展。

正如影片当中的母亲，她就是在教育孩子的过程中犯了三个重大的错误，以致走入教育的误区，把"爱"孩子演变成了"误"孩子。

首先，单亲家庭中爱的错放及过度保护和掌控误了孩子。

剧情中，这位母亲在青春年华时丧偶，独自一人抚养孩子，30 年来一直将爱和希望倾注于孩子身上，没有树立正确的亲子观念。

单亲家庭很容易产生这种现象，父母中的一方会将所有的关注点都放在孩子身上，从而忽视自己的心理健康问题，但过度依赖和过度保护会产生畸形的爱。一个心理健康出现问题、情绪出现漏洞的父亲或母亲，势必会对孩子造成伤害，影响孩子人格的塑造和心智的成长。

正确的做法是先爱自己，再爱孩子——一个健康、积极向上的母亲，才会传递给孩子更多的爱。孩子其实是一面镜子，反射出的是母亲的本质。

单亲家庭中的家长需要先充实自己的心灵，关注自身的心理健康，不过度将所有的爱传输给孩子，因为那些过分的爱有时是沉重的压力。

其次，对儿童性教育的缺失和回避，会给孩子造成误导和压力。

《黑洞》中的男主自幼跟妈妈在一起生活，长大后也没有察觉到与母亲过分依赖和亲密是一种错误的亲子行为，他的恋母情结完全源于母亲。

可以说，是母亲的刻意引导和过度的爱，加深了男主的恋母情结。

在教育中，这位母亲倾注全部心血去培养孩子，却没有在适当时期对孩子进行必要的性教育——刻意回避性教育，或认为性教育难以启齿，或希望孩子无师自通。

中国古代的性教育是在成亲当天，母亲还需要派一名老嬷嬷去跟新妇细说婚姻之道。作为母亲，她认为性教育很难为情，说不出口，不上花轿是不需要讲明的。

作为家长，要正确认识性教育的重要性，运用恰当的方式方法，适时地对孩子进行指导和教育。

最后，过度干预孩子的成长，侵占了孩子的精神和生活空间。

孩子与外界接触较少，也会加深恋母情结。想要根治，就需要把握适当的度，给孩子发展个人的空间。

对孩子成长的每一个阶段，家长都不要过度紧张，过分干涉。在孩子小时候，家长可以亲密一些，但到了一定的年龄就需要有距离意识，类似于洗澡、穿衣等问题，也需要做到男女有别。

电影中的男主与母亲之间的距离过度亲密，母亲也占用了男主太多的时间，以致当男主和妻子亲密时，母亲会不适应，甚至产生嫉妒心理。

　　这时候就需要改变这种亲子关系，放手让孩子独自面对生活，多与外界交流，培养独立品格。母亲也需要认清现实，将精力留给自己，学会正确爱孩子。

　　心理学研究者认为，恋母情结的成因在于母亲对孩子教育的失败，一种错误的引导和教育会影响孩子对两性关系的正确判断。这是一条无法逾越的鸿沟，要妥善处理，避免孩子朝着负面方向发展。

　　恋母情结还有一个很有意思的名字，叫俄狄浦斯情结。这源于一个希腊传说：俄狄浦斯有严重的恋母情结，他意外杀死了自己的父亲，并娶了母亲。

　　传说归传说，毕竟弗洛伊德提出的恋母情结理论没有事实依据。我们所接触的有严重恋母情结的人还在少数，拥有恋母情结的人也并没有想象的那样可怕，只要方法得当，强大自己的内心，树立自信，增强独立性，那么，这点小瑕疵就会得到修正。

　　我们将母亲作为人生导师，歌颂她，爱护她，尊重她，适当的恋母情结也可以推动自己进步。一个充满阳光和希望、满身都是正能量的母亲，会引领和带动孩子健康成长。

　　换句话说，一位成功的母亲应该给孩子起到榜样的作用，用爱和温情去培养孩子的耐心和宽容，用陪伴和鼓励培养孩子的勇气和自信，用希望和梦想培养孩子的毅力和决心，让他们更有勇气去面对人生中的坎坷道路。

因此，转化的力量很值得推崇，将对母亲的依靠和眷恋转化为直接动力，在陪伴中自我提升，快乐成长。

恋母情结是一把双刃剑，母亲则是这把双刃剑的重要执行者，她有义务和责任正确引导孩子，给孩子提供一个良好的成长环境和正确的亲子关系。

向前走一步，可能是柳暗花明，也可能是万丈深渊。但相信，母亲的力量是伟大的，可以强大到包容孩子的一切。这就是母爱的光辉。

Part 3　当妈宝女嫁给妈宝男

相信大家都遇到过这样的人，他们无论遇到任何事都要问过妈妈才能做决定，从小到大以妈妈的意见为圣旨，口头禅就是"我妈说了"。

这种人的表现，简单来说，就是在工作中和生活中毫无主见，离开妈妈连买一件新衣服都不行；独立办事效果差到了极点，偏偏还不能说也不能骂，要不分分钟哭给你看。

小慧就是这类人群中的典型代表，深谙其中之精髓，将"妈宝女"演绎得很到位。

从小到大，事无巨细，小慧的一切事情都要妈妈来做决定，包括买什么颜色的衣服，穿什么款式的鞋，上大学读什么专业，跟什么样的人交朋友……

毕业后，小慧一时找不到好工作，她就在妈妈的指导下去读研。读完研究生后，她又在妈妈的指导下相亲，认识男孩子，然后结婚。

有同学问小慧，她的男朋友怎么样。小慧会这样回上一句："我妈很喜欢，我妈说了，他挺好的，跟我很般配。"这位妈妈对小慧可谓是生养一条龙，一直到包办婚姻。

这段婚姻的确很般配，因为对方也是妈宝男。当妈宝女嫁给妈宝男，双方的心灵再也不能平静，小慧的每一天都好像被林黛玉附体，眼泪就没停过。

小慧十指不沾阳春水，她丈夫两耳不闻家内事，两个人更像是去幼儿园的小朋友，离开妈妈以后什么事都不能做。夸张地说，就是生活不能自理，一地鸡毛不算，还互相指责，遇到难题就推诿，毫无责任心。比如，两个人都不会做饭，一日三餐靠叫外卖解决；衣服脏了都是各回各家去洗，回家就像住酒店，毫无温馨可言。

真正的灾难要从小慧生完孩子开始。丈夫作为妈宝男，万事不关心，只顾自己玩游戏；婆婆嫌弃小慧什么都不会做，没有将她儿子照顾好。小慧整天以泪洗面，天天向妈妈诉苦，两个家庭的矛盾渐渐激化。

心理学中，强调心理健康教育要从儿童抓起，童年时期的生活环境和社会环境会对孩子的心智发展产生重要作用。而在众多教育中，家庭教育格外重要，作为孩子最亲近的父母则更是起着不可替代的作用。

孩子在身体弱小、智力需要开发时，对父母的依赖程度很大，并且将父母作为榜样。一旦父母过度宠爱，让孩子没有独立的人格，过度干预阻碍孩子发展，致使孩子缺少主见，没有独立思考和做事的能力，这样对孩子未来的发展很不利。

在小慧的童年时期，妈妈几乎没让她独立做过任何事，所有事情都由自己决定，以致小慧养成了一种习惯，就是不作为——她成为妈妈的附属品，没有主见，对生活没有期待感。

对孩子正确的教育，应该是培养孩子自身的能力，独立的人格，学会应对生活中的问题，面对现实中的坎坷。过分保护，只会让孩子的心智停滞不前，不懂得生活的坎坷和磨难，将来遇到难题也只会习惯性地找妈妈，成为名副其实的"妈宝女"或"妈宝男"。

每一个"妈宝女"或"妈宝男"的背后都有一位控制欲很强的亲人，他们作为孩子最亲近、最信任的人，把控着孩子的成长，将自己的想法和意愿强加到孩子身上，帮助孩子做一切事情，美其名曰"为孩子好"。其实，这都是家长的一厢情愿，会耽误孩子的成长和独立。

德国一位心理治疗大师认为，想要一个幸福和美的家庭，家庭成员里就不能有控制欲很强的人。培养孩子的独立性，让孩子自己决定未来的路，是对生命的尊重，对孩子今后的成长及发展有积极的意义。

原生家庭对一个人健康成长的影响很深远，如果在童年时期没有打好基础，没有塑造成独立的人格，那么在今后的成长过程中也会产生缺陷，影响正常的生活和工作。

妈宝女或妈宝男就是典型的例子，一旦形成习惯，成为天性，那么改变起来就会很困难，需要花费大量精力去改善现有的不良状态。

那么，现实生活中的妈宝男和妈宝女应该怎么摆脱这个称号呢？

首先，转变心态，摆脱对原生家庭的过度依赖，在成长中培养独立自主的人格，增强决策力，有能力面对和解决生活中的问题。

与妈妈和解，交流自己的现状。但拒绝抱怨，否则会将情绪和矛盾激化，要找出问题并去解决。

有事可以跟妈妈商量，但不能一味依靠妈妈，要培养自己独立思考和做事的能力，增强独立性。告诉自己，这山高水长的尘世要靠自己才走得远，未来要掌握在自己手里，要在培养自己独立做事的过程中学习总结经验。

这是一个艰难的过程，要坚持下来，坚信自己可以做到。

其次，投入各自的角色，培养责任心，学会沟通，和谐地处理生活中的杂事。

婚姻家庭需要经营，经营需要有耐心和毅力，更重要的是要培养各自的责任心。妈宝女开始进入妻子的角色，要温柔、体贴、善良；同样，妈宝男也需要投入丈夫的角色，勇敢、坚强、有担当、对家庭负责。

夫妻双方在生活中多交流，分享彼此的快乐，一起学习如何养育一个小宝宝，给他一个温馨快乐的家。

最后，经营婚姻要方法得当，不过分干预，让二人世界更美好。

经营婚姻是一个过程，改变对妈妈的依赖也需要一个过程。夫妻双方要懂得分享和理解，转变角色学会换位思考。

家庭是两个人的，需要共同经营，不要急，找方法。

我们都说，养育孩子是见证一个生命的成长，是意义深远的一件事。

文化需要一代一代传承下去。一代人的一生其实很短暂，能够流传下来的，就是赋予下一代的精神财富和心理健康，这可以支撑一代人快乐成长。教育，传承，这是一代人的使命，是遇见生命的闪光点。

父母给予孩子生命和爱，同样也要学会放手，因为未来是属于孩子的。父母唯一能做的，就是昂首阔步向前走，让孩子自立、自信地走向下一个关口。

Part 4　被迫害妄想症

"我总觉得有人想害我，走路时身后会传来脚步声，回到家门口拿出钥匙准备开门都会做心理斗争，害怕有人从楼梯间跳出来挟持我。最近我觉得家里也不安全了，好像房间里有监控和窃听器，我害怕极了，晚上都不敢睡觉。"

"我丈夫想要害我，因为他突然给我买了 30 万元的保险。最近他做菜时总会往菜里放白色粉末，我知道那不是盐或调料，一定是毒药，因为我曾经把那包白色粉末拿去喂狗，狗都不会吃。"

"单位里的人都太可怕了，当面一套背地里一套，每个人都有好多心眼，心思阴沉，整天想着怎么害我。有同事还好心帮我做报表，我猜他一定会故意做错报表，好让老板有理由开除我。茶水间的水绝对不能喝，里面一定被人下了药，喝了一定会中毒。谁都不是好人，谁都不能相信，我要时刻防着这些坏人。"

"退休以后我就一直过着独居生活，这几年身体越来越不好，总觉得子女要抢夺我的财产，对我的好也是别有用心。人心太可怕了，我得防着点。"

"我不敢出门，一出门就怕被高空坠物砸死，坐电梯也怕摔下去，过马路怕出车祸，走夜路怕遇到坏人。最近，我害怕吃饭被噎死，只能吃流食。以前觉得外面可怕，现在觉得家里也不安全了，我感觉有外星人在用卫星监视我……"

这些匪夷所思的思维令人咋舌，初听之下难免会认为夸大其词，让人难以置信。但这的确是困扰这些人正常生活的症结点，他们的行为就是典型的被迫害妄想症。

被迫害妄想症是一种精神疾病，是妄想症的一种，患者会表现为焦虑、抑郁、失眠。他们同样也存在一些性格缺陷，如敏感、多疑、自大、主观性强，充满幻想。

被迫害妄想症，简单来说就是一种由害怕和恐惧引起的心理负担，他们的思维模式出现了问题，总认为有人会迫害自己，严重者会影响正常的工作和生活。

美国精神病学家库帕斯博士认为，一个人独自生活的时间过长，由于环境封闭、社会交往减少，容易压抑自己的情绪，形成焦虑，自信心和自尊心也会逐渐丧失，那么患有被迫害妄想症的可能性就会增强。

人类需要群居生活，需要正常的人际交往和社会需求。在一个正常的生活环境下，一个人的情绪水平会维持在一个正常系数下，压力和焦虑、恐惧等不安情绪会通过人际交流得到缓解和释放。

如果周围没有任何人去交际，思维和意识一直处在紧张和害怕的状态，那么就会加深恐惧心理，最终形成妄想症。这也是为什么越来越多的独居老人会患上抑郁症和被迫害妄想症的重要原因——他们恐惧死亡，更恐惧死了没人知道。

被迫害妄想症形成的原因除去生活环境因素，还与童年时期受到的刺激有关，也就是所谓的童年阴影。

孩子在童年时期缺乏关爱，精神上受到过强烈的刺激。家长在孩子产生阴影后没有及时开导，这种心理上的伤痕会一直伴随孩子长大，等更大的压力出现，被迫害妄想症也会随之而来，呈愈演愈烈之势。

朋友王娟就患有轻度被迫害妄想症，追溯她的童年，我们发现，她在小时候受到过一次伤害。

王娟 7 岁时的大年夜，表哥表姐约好了看鬼片。王娟最小，总被欺负，这一次在看鬼片时几个孩子偷偷离开，将她反锁在昏暗的房间里。

等王娟被电视里的恐怖声音吓到，才发现周围一个人都没有，她拼命推门，却怎么也推不开，她感觉电视机里的人要爬出来了，阴森的声音就响在耳边。

小孩子的一场恶作剧，给王娟的心理造成了难以挽回的伤害。从那以后，她不敢一个人走夜路，也不敢一个人睡觉，睡觉时要开着一盏灯，睡着了就会做噩梦。

长大后，这种情况好转了一些。但在经历过一次恋爱失败后，王娟开始有些抑郁，变得不爱说话，也不合群。到了晚上她就感到恐惧，总觉得家里有人，她只有把菜刀放在床头柜上才能感觉好一些。

王娟的这种行为，就是被迫害妄想症的典型表现，她的恐惧和妄想来自童年时期的阴影，怕鬼、怕黑，妄想有人会来害她。

其实，按照库帕斯博士的观点来看，每个人从出生开始就有一种不安全感，也就是被迫害妄想症，所以人们经常会认为周围不安全。面对这些恐惧，我们需要克服它、解决它，追求心理上的安全感。

治疗被迫害妄想症，提高心理安全系数，首先要配合心理医生，同时也可以遵照医嘱进行药物治疗，缓和过度紧张的心理。

除去物理和药物治疗方法，最主要的是人文关怀。患者家属需要花时间和精力去陪伴患者，宽慰患者的心理压力，减轻他的恐惧和焦虑，再找出患者害怕的根源，有针对性地一一突破。

还可以转移患者的注意力，将他恐惧的重心从关注转移到别处，比如去旅行，给心灵和身体一次放松；去认真地做一顿饭，在一餐一饭中看到生活的意义；去做公益活动，关心孤寡老人，陪他们聊天。

总之，要用充实和忙碌挤走患者的害怕和妄想，减轻他们的心理负担和压力，给未来一个轻松的心理环境。

孤独可以引发所有的负面情绪，比如焦虑、抑郁、妄想、恐惧等。独居与孤独相伴，一个人长时间不说话，情绪低落，精神上不愉快，那么各种病痛就会蜂拥而至。

想要治愈精神上的病魔，减少痛苦，走出情绪低谷，就需要不断强化心理承受能力。心若死水，故步自封，那么低沉和悲伤将会涌上心头；心若自由、坚强，充满活力，那么孤独、不安、恐惧就会远离。

努力生活吧，未来的每一天都是充满阳光的。日出之后，一切都将重新开始，心灵也将重启。

第八篇

职场中的怪人

Part 1　幽闭空间恐惧症

上班时分，电梯在正常运行，里面载着穿着得体的职场精英。突然，电梯晃了一下出现故障，一动不动，门也打不开，电灯闪了几下没了光亮，仿佛整个世界都沉浸在黑暗里。

这时响起一声尖叫，有人开了手机照明，光线投射到那人的脸上。只见他脸色惨白，手脚发抖，浑身冒汗，肌肉抽动，抖了几下后昏厥了。他是高巍。

众人都很奇怪，高巍是公司里最强壮的男人，很有探险精神，还喜欢玩冲浪，这样一个魁梧高大的男人竟然会在电梯里被吓晕。

高巍被送到医院后，医生发现他是因为心悸而出现昏厥状态，然后被确诊为幽闭空间恐惧症。

幽闭空间恐惧症是一种心理疾病，就是对封闭的空间会出现恐惧心理，从而导致心悸、出冷汗、手足发抖、肌肉抽动，甚至出现昏厥。一般来说，人在封闭的空间里，比如飞机、汽车、电梯、紧闭的衣帽间等地方会出现恐惧心理，这也是恐惧症的一种。

你经常做噩梦吗？梦到自己深陷在死亡的边缘，不是躺在棺材里就是在墓园游荡；

生活中，无论发生什么事、要面临什么问题，你总是焦虑不安，过马路战战兢兢，就怕哪个方向飞出来一辆酒驾汽车；

走在大街上，疑神疑鬼生怕哪个路人会拿把刀跑出来；

恐惧一些匪夷所思的东西，怕坐电梯，从不坐飞机或摩天轮，怕虫子，怕手机响。

你一直把这些问题看作是性格怪异而自怨自艾，觉得自己是个怪人，但从不把这些问题归咎于童年经历的创伤。其实，这些都是童年时期留下的阴影，不及时治疗，怕是一辈子都摆脱不了。

生活中的这些小恐惧如影随形，跟着你一路长大，变强变壮。比如高巍，他在职场中的高大形象只是一个空壳子，内心深处则藏着一个小孩子，那是最柔软的存在。

如果可以，就要撕开坚硬的外壳，将受伤的孩子抱出来细心照顾，治愈童年带来的创伤和痛苦，由此打破自身的焦虑和恐惧。

高巍出生在一个小康家庭，父母都是教师，对他的要求很严格，他自小就生活在一个充满规矩和约束的家庭环境里。

从上小学起，父母就督促高巍认真学习，他一旦犯错就会受到惩罚。

小孩子总有顽皮的时候，有一次高巍抄作业被发现，他爸爸就在学校门口狠狠地批评他，好不给他面子。周围其他同学和家长都纷纷对高巍侧目，高巍觉得自己被所有人看戏，很伤自尊。

回家后，高巍又被严厉的妈妈罚站。小高巍只身一人待在漆黑且狭窄的衣帽间里，害怕和恐惧不断袭来，给他幼小的心灵带来了创伤。

高巍真的受伤了，可是没有人理会。

晚上，小高巍缩在被子里，不敢闭眼睛睡觉。困极了，睡过去他就做噩梦，梦到他一个人站在十字路口，所有人都看着他，对他指指点点。

长大后，高巍虽然成为一名职场精英，但内心深处还是残留着童年时期的创伤。至今他都不敢只身走夜路，睡觉需要开一盏灯，家里甚至连衣柜都不敢买，衣服就挂在卧室的衣架上，上班时不到万不得已绝不坐电梯……

诸如此类的恐惧和折磨一直伴随着高巍，人是长大了，心却依旧缠着绷带，只要条件成熟，崩溃就一触即发。这就像是携带了颗定时炸弹，随时都可能爆炸，影响身心健康的发展。因此，及时配合治疗很有必要。

首先，满罐法。

这种方法类似于直接暴露法，就是让患者暴露在恐惧事物或环境面前。直接暴露法是身体应对，而满罐法则是心理应对。

心理医生通过与患者沟通交流，充分了解其童年时期受到的创伤，了解了童年阴影的留存时长，从言语上宽慰患者。同时使患者放松身心，接受治疗环境，然后慢慢引导患者进入状态，这类似于情景再现。

通过温和的语言模拟患者受伤时的场景，描述现场状况，也可以用敏感词刺激，反复提及患者恐惧的环境或空间细节，并且不让他通过捂耳朵、闭眼睛来躲避恐惧，使其逐渐克服由那些噩梦般的情景给他带来的痛苦，将焦虑和恐惧释放出来。

在治疗过程中，患者可能会出现心悸、冒冷汗、哆嗦、手足发抖等状况。当一切讲完，患者就会发现那些恐惧和焦虑的事情并不存在，就会逐渐地克服这些恐惧，病症的情况也会减轻。

其次，系统脱敏法。引导患者循序渐进地接触使其恐惧的事物或环境，由浅入深，从小到大。

这种治疗方法也是迄今为止最行之有效的行为疗法，同时也最安全。心理医生可以根据具体案例研究诱因，从而制定一套完善的层层递进的治疗方法。

高巍的治疗就是依靠系统脱敏法，这种方法安全系数高，但治疗周期长，需要非常有耐心地去引导和帮助。

心理医生了解了高巍的情况后，很轻松地告诉他问题不大，治疗方法很简单，只需要分三步。

第一，让患者学会放松，掌握一些放松技巧。

比如，患者很随意地靠在座椅或沙发上，全身心地放松，想象自己置身于马尔代夫的沙滩上。

然后，像瑜伽老师那样用轻柔的声音指导患者放松头部、眼睛、肩膀、后背、双腿，让整个身体都进入一种放松状态。

第二，将恐惧等级从小到大排列，这要跟患者细细沟通，确认他从小到大恐惧的空间，由小到大划分恐惧等级。

第三，开始进入治疗。

按照患者高巍自己排列的恐惧等级开始进行脱敏治疗，首先将他办公室的门窗关闭，拉上窗帘，只留下窗外自然透进的光。此时屋内有些昏暗，高巍有些局促不安，然后再将窗帘拉得严丝合缝，屋内一点儿光线也没有。

在这期间，心理医生坚持跟高巍说话，分散他的注意力，并且告诉他恐惧的事情不会发生。下班后，心理医生带高巍去坐拥挤的地铁，再去走狭长黑暗的走廊。

在这个过程中，时刻关注患者的情绪，保证他能够在进行下去的情况下接受治疗……以此类推，最后再去令他发病昏厥的电梯里接受最高等级的恐惧治疗。

最后，药物治疗法。

遵照医嘱，按照患者自身的情况服药，定期检查，配合脱敏疗法，最终打败幽闭恐惧症。

Part 2　阴暗的张小姐

工作日第一天清晨，超市采购部门口发生了一场激烈的口角，但战斗的主角只有一个，就是来送货的供应商张小姐。

张小姐毫无素质，破口大骂，整张脸都阴沉着，头顶像是有一团乌云，要将所有的怒气都撒出来。

只见她高瘦的身体里迸发出超乎想象的力气，将一箱箱洗衣液往地上摔，引起所有人侧目。瓶子摔破了，与洗衣液一起流出的，还有她的自尊和面子。

听同事谈起，张小姐并不是第一次撒泼，她稍有不顺心就会狂躁。上次她将纸尿裤往地上踹，"现身说法"将泼妇这一个词演绎得淋漓尽致。

张小姐控制不了自己的情绪，尤其是愤怒情绪会在一瞬间爆发出来，发泄时不管后果。她的情绪很亢奋，说话较多，极其易怒，吵架时有假想敌，严重时会出现幻觉。

张小姐的心理阴暗，紧张多疑，情绪失控主要表现在大喜大怒上。这是躁狂症患者的主要症状，需要细心调节，以免发展为深度躁狂。

人在经历大喜大悲后容易情绪高涨，心理承受能力不强就会影响健康发育，造成情绪波动，影响心情。躁狂症患者常常会忽略周围人的感受，情绪激动时会产生刺激心理，要全部发泄出来才会平息火气。

亚里士多德认为，每一个人都会生气，这没有什么好说的，真正难能可贵的是，要在适当的时间、地点，以适当的方式对适当的人生气。

七情六欲人皆有之，怒也是其中之一，但凡事都要掌握好度，坚持适度原则，修炼自己的境界。

张小姐的躁狂症使她的家人饱受摧残，要不定期忍受她疯狂的怒气，严重时还要面对她的歇斯底里。这种病症很危险，没有一个人会无条件忍受他人的怒火，而且一个人在暴怒情况下说的话非常伤人，这些话就像是钉子会钉在亲人的心底，给周围的人带去负面情绪。

如果家中有孩子，这种怒火还会延续，传递给下一代。要知道，在儿童时期，孩子的心理成长需要依靠父母，孩子的模仿能力很强，会很自然地向父母学习如何表达情绪。

家暴很可能会一代传一代，比如，父亲家暴，孩子耳濡目染，长大后也会对亲人使用暴力。假如父亲温文尔雅，做事很有分寸，说话轻声细语，那么孩子也会变得斯文有礼，温和地看待周围的人和事。

生命向来很奇妙，可以传承，也可以复制粘贴。孩子就是一面镜子，反映出的是父母的涵养与智慧。

追溯历史，了解过往，我们认真来解读一下张小姐的童年生活。

张小姐生活在单亲家庭，从小与母亲相依为命。小时候的生活环境让她敏感多疑，缺乏安全感。

单亲家庭的生活压力很大，母亲挣钱不多，单位的事儿还多，同事间勾心斗角，遇到不顺心的事情她就非常消极，认为周围的人都对她有敌意，他们靠近她都别有目的。

渐渐地，母亲的这种做事风格和行为习惯就影响到了张小姐，导致张小姐对外界、对陌生人存在负面情绪，给自己戴上有色眼镜，对身边的人妄自揣测，稍有不慎就朝坏的方面想。

世界是多姿多彩的，一般来说，我们看到的世界是什么样子、是什么颜色，我们的心就是相对应的形态和颜色：眼中的风景是美丽的，人群是和美的，心境自然是温和的、善良的；眼前的一切都是乌云密布，暗淡无光，遇到的人也都是别有用心、心机叵测，那么这个人的内心也是彷徨不安，充满负能量。

张小姐从小学到的都是勾心斗角、阴暗、揣测，母亲给她带来的不是快乐和包容，而是冰冷和猜疑，经常将怒火和暴力传输给她。那她长大后也是心态不佳，不会管控自己的情绪，生气时只会大吵大闹发泄情绪，不会适时压制自己的怒火，久而久之，就形成了躁狂症。

据张小姐的助理说，她几乎每隔一日就会发泄一次怒火，怒火满格时可谓六亲不认，谁的情面都不顾。

为了压制怒火，张小姐还专门去看了心理医生，医生给她开了一堆西药。她定期服用后情况并没有好转，在工作时反而更严重了，已经到达难以抑制的境地。

正如文章开头所提的狂躁事件，起因仅仅是超市采购部没有及时将存放货品的地方预留出来，她不听解释，一味沉浸在自己的假想中：不留地方就等于看不起她，侮辱她的人格和尊严，没准还偷着骂她懦弱好欺负呢！

就这样，一连串的假想，分分钟可以开战，用暴力解决！用怒骂高呼，她不是好惹的，谁都别想欺负她！

幻想、假想、敏感多疑，认为人性本坏，解决问题全靠暴力，靠发泄怒火！

张小姐发泄怒火的心路历程匪夷所思，她能将一件很小的事情联想到黑暗的低谷去，也算是一个想象力丰富的人。她抵抗负面情绪的能力几乎为零，情绪黑洞蚕食着她的意志和健康，久而久之形成了躁狂症，要依靠药物去压制怒火。这与她小时候遭受的痛苦有关，也与她自身的性格有关。

张小姐目前的状态很不好，如果任其发展，最终只是伤人伤己。

治疗躁狂症，改善阴郁性格，首先需要了解病症对自己的伤害，在主观上有一个意识，主动去接触解决方案，发挥自身的能动性和力量去跟病症抗衡，做斗争；其次，一定要借助心理医生的帮助和治疗，遵照医嘱服用治疗躁狂症的药物，自我疏解和开导，解开心结，找到暴躁的根源，与自己的心魔和解；最后，要学会控制情绪，远离压力源。

压力过大会让人产生负面情绪，如何去克制情绪，不做负面情绪的奴隶，这是一门很深的课程，需要日积月累慢慢去修炼。适时地转移视线，远离压力的容器，对自己也是一种解脱。

向日葵一生都向阳而生，与其做阴暗角落里的一根杂草，不如学着做向日葵，追寻着阳光的方向，那是新的一天开始的地方。

阴暗还是阳光，有时只在一念之间。

Part 3　强迫症患者

最近单位里出现了一个奇怪的人，一度被誉为本年度最佳谈资，成为职员茶余饭后必谈的话题，我们亲切地称她为话题女王。

话题女王首先引起大家注意的是穿着，不管天气如何，她全身上下可以露出的任何地方都会被包裹上，包括头发和十根手指，到了室内也戴墨镜和口罩；她对人十分防备，绝对不允许任何人距离她小于一米，好似除她之外都是病原体一般。

引人注目的行为，还有超市购物后付款的顺序，必须按照她的要求进行，以颜色、大小和形状区分，一旦收银员将顺序打乱，那么她会要求重新结算一次。并且，每结完一次，她都需要拿纸巾反复擦拭才放进购物袋。

曾经有一次，这位话题女王只选了不到 10 款商品，却花了一个半小时付完款——当时，她手上戴的塑胶手套不小心被商品划破，手指沾到了空气，她竟然去洗手间洗了 10 次手。

据了解，这位话题女王的生活压力很大，产后过度肥胖时就开始有了一种意识，认为自己很脏，那些肥肉都是脏的来源。

在疯狂减肥后，她的行为开始异常：反复洗澡，一定要洗够一小时将身体搓红为止，每天三次，到点就洗。这种行为发生时虽然会难受，感到不舒服，但如果不去做，那么就会焦虑不安，彷徨失措，甚至抓狂。

话题女王的这种情况属于强迫症，而强迫症属于焦虑症的一种，患者会连续两周以上出现强迫某种行为或思维的情况。强迫症通常是主观意识造成的，是患者本身在强迫自己做一些行为，或完成一系列思维，一直重复到一定的次数才能达到某种心理平衡。

网上有一则消息，说英国有一名年轻女性患有复发性强迫症，严重时每天要洗72次头和200次手，是超级严重的强迫症患者，已经影响了正常的生活。

世界卫生组织做过一项调研，结果显示，强迫症已经成为给青少年造成生活和心理负担最严重的20种疾病之一。而另一项调研显示，强迫症之所以会愈演愈烈，导致最后影响生活质量，是因为人们在患者初犯强迫症时的忽视，对强迫症的认识不足，对强迫症行为重视程度不够。

上面提到的英国女郎，就是在强迫行为刚出现时没有受到重视，没有将这种行为放在心上。久而久之，随着压力的增大，焦虑和不安感十足，洗手频率不断增大，最后严重影响到正常生活，打乱了生活秩序。

强迫症还有复发的可能。还是这位英国女郎，她在小时候就已经有了强迫行为，那时不是洗手和洗头，而是频繁地关家里的8扇窗户。她的思维中有这样一种意识：每一扇窗户都要关上，从1数到8，一扇都不能少，每一扇窗户都要检查完毕才会离开。

她在意识中不断给自己灌输这样的思维：只有频繁地从那扇门里走出去，来回进出，爸爸妈妈才能够平安。

最后，童年时期的强迫行为被她的亲人重视起来，带她去看心理医生。心理医生正确引导她从怪圈思维中走出去，她终于回到了正常状态。但随着生活和工作上的压力增大，在某一触点她又爆发了强迫症。

强迫症其实距离我们很近，试想一下，出门远行前，你反复检查煤气是否关掉、房门是否锁好吗？你试过将超市里某商品的所有商标都朝一个方向吗？你睡觉前一定要去一次厕所，不管有多困都要去一次吗？看到地上有地砖，必须按照一定的规律走，不能踩线？爬楼梯一定要先迈左脚，如果迈错了还要重新走……

这些匪夷所思的行为和动作都是强迫症的表现，如果正确对待，改掉强迫或被强迫的行为，那么就可以预防其加重。

怎样才能帮助强迫症患者摆脱困境呢？

首先，就是将强迫行为的幼苗扼杀在摇篮里。

在发现有强迫症行为的初期就帮助他们走出来，要耐心地开导，用陪伴和支持鼓励患者，看淡强迫行为。

不要戴有色眼镜去看待强迫症患者，要理解强迫行为的发生，了解根源，倾听患者内心的感受和无助，帮助患者重新认识自己。

患者需要充分认识自己，学会正确看待强迫行为，要培养正确的思维模式，不钻牛角尖进入思维的怪循环，克制强迫行为的发生。这里需要重点说明，心理塑造最重要，要让患者相信自己可以治愈，可以抵抗强迫行为，增强患者的免疫力和自信心，有一颗更强大的内心。

其次，可以借助物理疗法治疗。

在强迫症患者实施某种行为时强行打断，如抚摸、拉开等，让患者停下来。然后开解他，告诉他停止这项行为并不会发生他想象中可怕的事情，不会有坏结果。

有些强迫症患者走路时不踩线，因为在他们的意识里，只要踩到线，那些线就会变成锋利无比的刀，会砍伤自己的身体。这时候可以带着患者外出，在走路过程中不经意地让患者踩到地砖线，并且控制住患者的身体，平息他紧张的情绪，并且要让他知道，这条线对身体没有伤害。

最后，家人的关心和陪伴，细心的疏导最重要。

正如那位每天洗 72 次头和 200 次手的英国女郎，她的强迫症就是在她先生的帮助下慢慢好转的。

她先生用爱和温暖帮助她，尊重她的行为，让她重新获得自信和自尊，渐渐地，强迫行为的发生频次在不断降低。现在，她的压力和焦虑感缓解了很多，生活已经恢复正常。

我们需要了解强迫症发病的原因，除了遗传和神经因素我们不能改变，性格和社会因素是可以预防的。

在童年时期，父母就应该做出正确引导，给孩子一个温暖舒适的家庭环境——父慈母爱的良好氛围，能塑造孩子坚韧和阳光的性格。

预防强迫行为，不让焦虑找上门，就不能给孩子施加过多的压力。要培养孩子正确处理问题的能力，学会自我开导，更深刻地认识自己。

Part 4　戴着面具的人

在中国传统戏曲中，为了增强舞台效果，演员需要在脸上画出脸谱来完成艺术表演。脸谱中不同的颜色，代表着人物相应的性格特点，比如，红色代表正直、忠诚和勇敢，黑色代表刚正不阿、是非分明，白色代表阴险、狡诈，绿色则表现人物性格暴躁、易怒……

脸谱需要将图形直接画在人的脸上，与脸谱不同，面具则是画在别的器物上再戴在脸上。比如，有些少数民族举行仪式时就会戴上一张面具。再如兰陵王因为长相秀美，出征打仗为了增强气势，就会戴上一张英勇无比的面具。

面具是一个反映内心世界的表象，可以遮挡、隐藏，也可以将人们想要暴露出来的性格特征表现出来。

有些面具是有实体的，而有些则是虚幻的，与脸融合在一起，正如心理学上的一个名词"人格面具"。单从字面上看，可能晦涩难懂，现在就让我们来看一个实例。

川剧中有个绝活叫变脸，可以在不经意间快速变换脸上的脸谱，速度之快让人拍案叫绝。而在职场中也存在这项绝技，比如面对不同的人会有不同的面具，来弥补性格中的某些不足，然后加以培养，时刻提醒自己要朝着更好的方向发展和进步。

某商业集团的高管苏宁就是这样一个人，他在职场上可谓是叱咤风云的人物，在业界享有盛名，被人称赞。

苏宁儒雅绅士，对内谦和有礼，可以在云淡风轻中快速高效地解决内部管理问题。他永远是淡定从容的样子，主张构建融洽的团队精神，增强凝聚力。

对外商务谈判时，苏宁则头脑灵活，雷厉风行。他可以不卑不亢地促成合作，也深谙拒绝之道——面对对方的无理要求，他会坚持底线，表现出应有的果断之心。

而在生活中，苏宁在孩子面前又变成一个爱心满满的爸爸，陪伴孩子一起学习和成长，对家人温柔体贴。

人们在职场中和生活中都会有不同的面具，它可以保护自己，激励和提醒自己要不断朝着存在不足和缺陷的方向修补，不断完善自己的性格，增强人格魅力。

苏宁在这方面表现得非常出色，他可以带着团队一起度过艰难，走向成功；也可以关心和陪伴家人，给他们提供温暖的避风港，将各种面具刻画得很完美。

其实，这里所提到的面具就是人格面具。

瑞士心理学家荣格曾经提出过"人格面具理论"，也被称为"从众求同原型"。简单来说，就是遵从社会大众的喜爱，为了得到他们的认可，从而改变和塑造自己的性格，提升交际能力，来更好地为社会交往服务，得到社会大众的尊重和认同。

当然，凡事都要以辩证思维来看待，对于人格面具也是一样，要辩证地去思考。人格面具有积极作用，可以激励和督促人们朝着积极的方向努力，弥补性格的缺陷和不足，代表一种正能量。

而人格面具也有不利于发展甚至是有害的方面。如果一个人过分沉浸在成功的喜悦中，从而迷失了自己，过度眷恋自己扮演的角色，认为戴上面具之后才是本我的状态，就会排斥原本的样子，表里不一，产生巨大的差距。渐渐地，他就会成为人格面具的奴隶，没有自主权，时间久了会产生心理障碍，不利于心理健康。

英国心理学大师温尼科特曾提出"真我"与"假我"

理论，认为"真我"符合自己内心的想法和需求，与个人的性格融合在一起。而"假我"正相反，与自己的本心相悖。如果一个人一直处于"假我"的状态，那么，他未来的发展前景堪忧。

人格面具所表现出的特征不真实，与本心不同，甚至属于排斥关系，那么就会出现"假我"的状态。

我们在面对复杂多变的现实社会时，势必会用不同的人格面具去处理纷繁复杂的问题。

如果没有将人格面具应用得得心应手，那么很有可能会被面具控制。用一句通俗的话来说，就是表里不一，这样下去，时间久了，压抑感和负面情绪就会找来。

范勇也是一家公司的高管，他渴望成为业界的标杆人物，所以一直严格要求自己，但他的人格面具最终还是朝着情绪黑洞发展了。

童年时，范勇的学习成绩很差，差到每次都被老师批评，然后叫家长。小小年纪，因为学习压力把范勇搞得情绪很低落，一直是在焦虑和不安的环境下长大的。

进入社会工作后，范勇对自己非常苛刻，模仿和学习成功人士，给自己戴上一张张面具。但在光鲜亮丽的背后，他隐藏着一颗脆弱的心，夜深人静时常常就会处在崩溃的边缘。

　　因为面具戴久了，与自己的内心没有融合，甚至出现排斥心理，这给他的生活和工作造成了严重的影响。

　　范勇的人格面具与"真我"是相悖的。

　　积极的人格面具可以给人带来正确的方向，但是范勇没有关注心理健康，没能将童年时期的阴影调节好，情绪波动太大，很容易受人格面具的影响而出现心理问题，从而影响他的人际交往。

　　人格面具的作用一般会两极分化，我们要将其引导到积极的方向，对自身的性格和能力有着充分的认知，针对自身的缺陷有准备地克服，提升自信心，将人格面具展现的与本心融合在一起，朝着正能量的方向出发，塑造更好的自己。

　　在职场中，我们要有三头六臂才能更有劲头和力量去展现自己。熟练掌握人格面具的正能量，有利于职场发展，能修饰和填补内心的不足，并不断融合，在竞争中脱颖而出。

　　充满正能量和希望的人格面具，会引导人们更努力地改变自己，以积极乐观的心态面对职场中的挑战和困难，在坎坷中砥砺前行，在奋斗中找到"真我"。

　　一直在努力，从未停歇过。

　　这就是人格面具中的正能量，会支撑人们穿过黑暗和荆棘，走到更远的地方。

第九篇

自卑是谁带来的

Part 1 一粒尘埃

自卑这个词听起来有些阴沉，很容易与消极挂钩，是一种油然而生的无力感。

自信的缺失，很容易使人产生自卑心理。有人因为能力不足而自卑，有人因为外貌丑陋而自卑，有人陷入困境备感无力而自卑，有人不断尝试但一直失败而自卑。自卑的原因千奇百怪，但根源却大同小异。

著名作家海伦·凯勒，小时候曾经因为疾病失聪、失明而自卑，身体的残疾给她带来了负面情绪，自信心全无。但在她克服了自卑心理后，世人都看到了她的成就。

其实，自卑感存在于每个人身上，或多或少影响着他的情绪。只有挖掘出自卑的根源，认真了解，才能克服自卑心理，给自己一副健康的身体和一个美好的未来。

心理学上说，自卑是一种主观性较强的情绪，是主观上的自我评定，这个评定多半是轻视和否定，让人产生强烈的自卑感。

心理学家阿德勒认为，自卑是普遍存在的，人从出生开始，由于身体弱小、心智不成熟，都会有自卑感。对外界的无力感，儿童在生活上需要依靠成年人，会体会到彼此力量的悬殊，这种差异性决定了儿童也会产生自卑心理。

简单来说，自卑这个标签是自封的，不是别人给贴上的。换言之，如果一个人的心没有接受这个标签，任何人都不会轻易用自卑去形容他。想要成为什么样的人，想要拥有怎样的人生，都是自己可以决定的。

可是，有些人还是会产生自卑心理，那自卑感又是从何而来的呢？

第一，原生家庭的影响。儿童时期的自信心严重不足，习惯性被打击，没有一颗强大的内心，不懂得如何将自卑转化为动力。

有些家长喜欢在人多的时候教训孩子，学习成绩不好被骂笨死了，不愿意上台表演被骂太内向，走在路上不跟亲戚朋友打招呼被说没礼貌，玩得正开心时衣服沾上泥被说脏死了……

笨蛋、内向、害羞、脏乱、没礼貌，这些标签是在大庭广众之下被授予的，仿佛在热闹的集市，所有人都在等着看笑话，孩子幼小的心被暴露在冷嘲热讽中。

毫无疑问，这种做法会打击孩子的自信，磨平孩子的自尊，破坏孩子的心情，影响孩子的身心健康。

自信心和自尊心需要细心维护，在孩子的成长中不断强化。如果在儿童期没有练就强大的内心，没有勇气面对现实，缺乏自信，匮乏自尊，那么无疑会给未来埋下一颗定时炸弹。一旦被现实打击，悲观情绪占据心灵，那么自卑感定然会再度出现。

第二，性格缺陷，自卑思维因此产生。

人的固有性格和思维是有惯性的，思考问题的习惯会影响事件的发展方向。

如果一个人性格内向，敏感多疑，那么他的人生该是沉重的。遇到难题和困境，有性格缺陷的人会往消极的方向思考，一不小心就会走进情绪黑洞，陷在困扰和不安中。时间一长，就会产生负面的心理暗示，自卑心理就会占据上风。

同事王姐就是一个性格阴郁的人，凡事都往坏了想，周围除了她全是心机女，总认为别人的帮助别有用心。因为性格孤僻怪异，她经常在办公室里自怨自艾，身边没有真心朋友又常常自卑，认为人生没有意义，未来暗淡无光。

王姐的自卑就源于自身的性格，思维模式受限，自我否定。想要改变自卑的认知，就必须改善性格，凡事朝着积极乐观的方向想。

第三，崇尚完美主义，越完美，越自卑。

有人认为，完美可以诠释人生的价值，所以一直以完美的姿态面对生活。殊不知，这样做是走进了另一个误区。

朋友小薇对自己高标准、严要求，追求完美。因为从小到大，她妈妈就是以完美来要求她的——考试成绩要稳居第一，课外活动要认真对待，业余时间要安排充实。

一旦有一件事没有按照既定目标完成，小薇就会受到妈妈的批评教育，久而久之，她就养成了追求完美的习惯。

参加工作后，小薇也严格要求自己，几乎达到了强迫症的状态。一旦不完美，自卑感就会出现，这就形成了惯性——越努力，越自卑。

第四，习得性无助，一直被打击，从未成功过。

心理学上有一种概念叫习得性无助，也就是说习惯性无助，一个人总是被打击，一次又一次地遭受挫折和不幸，难以从失败中走出来。

任何一个正常人，在经历此种情况时都会感到痛苦，会对自己的能力产生疑问，自卑感定然会出现，那种对现实的无力感最是痛苦。

自卑感会在一次次打击中越来越强，根深蒂固，藏在思维里永远转化不了。他们从未成功，只知道失败的绝望。

萍姐是个从未成功过的人，婚姻、家庭、工作全部以失败告终——婚姻关系不好，老公嫌她又壮又胖；家里父母不理解她，孩子对她有看法，不愿意跟她交流；工作上因为人缘差，不被同事肯定。

在遭遇一次又一次的失败后，萍姐开始自我否定，认为自己一事无成，自卑情绪就占满了她的全身，一发不可收拾。

一个人经常被打击，从未尝过成功的喜悦，自信退去，就很难再重塑。

其实，自卑可以向消极和积极两个方向发展。我们都是宇宙中一粒微小的尘埃，我们渴望星辰大海，却不得不在狭小的空间挣一份养家糊口的工资，自卑心理躲在心底随时会准备释放。

同样，我们也可以是藏在珠蚌中的沙粒，经过日复一日、年复一年地成长和磨炼，终有一日会转变成珍珠。自卑转变成动力后，一直支撑着我们重新面对生活，去追寻更蓝的天，更美的风景！

存在即是价值，尘埃也好，珍珠也罢，一切都只是多彩人生中的一页。请坚信蜕变的力量，请坚守自己的初心，请给自己一个机会，许未来一个奇迹。

Part 2　自信心的缺失

　　自卑感源于人的本心，是自内而外散发出的消极气息，在心理上表现为自信心缺失以及丧失自尊，负面情绪爆棚，浑浑噩噩没有目标，期期艾艾不敢向前，甚至没有勇气面对现实生活的挑战，消极度日，是一种精神上的无力感。

　　自信，与自傲和自负、自大不同，这是一个形容人成功的内在气场，是一个褒义词。心理学上有一个名词叫"自我效能感"，这是心理学家班杜拉提出的。

　　所谓自我效能感，是指一个人对自身的能力和水平的自我评定。在现实生活中，自信常常表现为一种人格魅力，可以吸引和带动周围的人，给他们带来正能量，起到引导和榜样的作用。

　　自信可以通过修炼而提升存在感，骨子里透着一种难以泯灭的积极力量，具有强烈的感染力。

　　提升自信心可以分内、外两方面进行。外在方面可以通过一些肢体行为来提升自信，比如增加当众演讲的机会，练习说话的方式和神态，抬头挺胸向前走，视线端正充满活力；内在方面需要修炼自身的智慧和能力，自信是建立在成功的基础上的。

当然，每一个人对成功的定义不一样，在这里我们可以说，完成一个目标就可以定义为成功。在完成目标的过程中，人的自信心也会随之提升。

自信心需要内外兼修，也是一个积累的过程。

自尊表现为待人接物亲和有礼，尊重自己，也尊重他人。

在自然界中，万物都有强弱之分，作为抽象的自尊也不例外。如果过分强调自尊，造成膨胀，那么就会使人的虚荣心增强而走入极端。若自尊心受伤跌入低谷，丧失了自尊，那么就会变得自卑。

美国心理学家詹姆斯认为，自尊与成功的关联很深，与一个人的抱负和目标也有联系——一个人成功了，成功的意义对自己的影响越大，就越有自尊感。

拥有健康的自信心，给自己设立适当的目标，可以促进一个人的成长和进步，获得成功的喜悦。如果目标过大难以实现，又特别期待获得他人的尊重，就会陷入一种困境和怪圈，焦虑和痛苦就会找上门。一旦期望落空，最后以失败告终，就会产生自卑心理。

综上所述，自卑与自信和自尊都有紧密的联系。丧失自信，与自尊背离，那么自卑就会占据整个思维，像被一团乌云笼罩着，压抑、无助、消沉。

要克服自卑感，就要培养自信心和自尊心，拥有强大的内心，这样才会有能量去与困境抗衡。

研究表明，3 到 12 岁是培养孩子自信心、提高情商的黄金年龄。但很多人在童年期错失了机会，父母的忽视、缺少陪伴、家庭环境因素，都会给孩子的心灵成长造成影响。

不过家长要记住一点，孩子长大后，如果心理已经存在自卑的隐患，也可以通过后天调整去强化。

在我看来，自信心的提升在任何时候开始都不会晚，只是在消耗精力和难易程度上存在差距而已。

从小培养孩子的自信心，让孩子在充满阳光的环境里长大，长大后也需要及时调整心态，监管自己的情绪，保证心理健康问题。

中国古代大文豪苏轼文采斐然，所作诗词千古流传，但他仕途坎坷，一生被贬三次，其中一次被贬黄州，凄凉无比。他在黄州所作的《卜算子》中的前两句"缺月挂疏桐，漏断人初静"，就描写了当时他所居住的环境寂静无人、凄清冷僻，借景抒情来表达自己内心的苦闷。

苏轼被贬黄州后，心理上遭受巨大打击，所作的诗句就多凄清孤苦。虽然被贬不得志，但他在坎坷中并没有放弃自己的远大志向，心中依旧有目标，最后还作出了《赤壁赋》这样的千古诗文，真可谓豪迈恣意！

在这里，苏轼就很好地将悲观消极的情绪转化为动力，对生活仍旧充满希望，自尊心和自信心没有消失——他设定小目标，在逆境中作诗、写文章，最终成为一代文豪。

苏轼在坎坷中蜕变，在困苦中坚持，他的自信是发光的，给迷途中的人们指引了前进的方向。

单位新入职的员工王涛做事认真，工作也很努力，经常加班，但总是被领导批评做事能力太差。

在一次谈判失利后，王涛沉浸在失败的泥潭里不能自拔。然后，他不禁联想到自己小时候考试不及格被父亲批评的情形，当时周围有许多人都在看着自己，所有人都知道他笨，学习成绩差。

历史总是惊人的一致，一旦悲观消极的苗头出现，自卑心理也会应运而生。

好在王涛的身边有一位人生导师，那是他的小学老师。老师关注到了王涛情绪的变化，说话声音小，没底气。

经过老师细心地疏导，王涛开始总结学习经验，并将错题整理出来，每次考试前都拿出来，提醒自己要注意不要犯同样的错误。

这一次，王涛在消沉一段时间后，克服了自卑心理，开始虚心向同事请教，整理错误案例，警示自己规避错误，提高办事效率。

结果当然是水到渠成，王涛重拾信心，工作成绩斐然，不久后成为组里的销售精英。

有人说，自信心一旦缺失，那么今后的人生也将是黯淡无光的。生活中，我们会遇到许多艰难险阻，那些打击和挫折会令自己焦虑、迷茫，经历过低谷，也会认为自己不行，变得自卑了。

但是，人类又是自然界中最神奇的存在，有着无限的激情和力量。自卑时，那些勇气和决心只是被压制住了，被暂时掩埋了。一旦自信心被重新拾起，那么，未来一定有着无限的可能！

自信，自强，自尊，自爱，这才是我们的人生，这才是我们一直坚持的秘诀。

part 3 相信自己值得世间最好的

心理暗示，听起来似乎会给人一种玄妙和神奇的感觉，但也存在太多的可能性，可以勾起心底最纯粹的观念和蓬勃的生命力，让人忍不住去探寻其深处的奥妙。

这个很玄的概念真的存在吗？有时我们会这样反问。但不管你承认与否，它确实存在，且处于一个至关重要的位置。

一同入职的两名职工，W 小姐和 Z 小姐都是名校出身，且成绩斐然，被公司分到不同的小组。W 小姐的直属领导脾气火暴，对下属非常严格，批评起来也不给任何人面子，完全不考虑员工的心理承受能力。

新入职的职场菜鸟犯错误很正常，有一次 W 小姐弄错了财务报表的数值，导致整个小组的预算估算错误。领导很生气，狠狠地批评了她，并且说，刚毕业的大学生就是不行，这点小事都能出差错。

W 小姐因此消沉了许久，在接下来的工作中又忙中出错，将与客户签约的预约时间没有安排好。

面对接二连三的错误和指责，W 小姐犯错误的几率越来越大，渐渐地，她就沉浸在一种"新入职的大学生总出错，真没用"的魔咒中，做什么错什么，不做也是错。

而 Z 小姐的情况，开始时跟 W 小姐大相径庭，工作起来也犯错，但她的领导用的是怀柔政策。

面对 Z 小姐的错误，这位领导没有批评和指责，而是让她将工作重新做一遍，然后仔细思考如何去规避错误，鼓励她自己解决问题。这位领导经常说的就是："你这样做非常好，不过我觉得你还能做得更好。"

一年后，Z 小姐升职做了部门经理，她乐观向上，活泼开朗，在公司干得风生水起。而 W 小姐被调去了行政部门，依旧做小职员。与刚入职相比，她消沉了起来，话不多，更内向了，仿佛上帝给她关上门了，顺便也关上了窗。

通过这个案例我们了解到，心理暗示对一个人的发展有着巨大的影响。

经常被夸奖的职员乐观向上，认真学习，努力摆脱遇到的困境，结果是一次比一次好，变得越来越优秀。而被批评和打击的职员就悲观消极，遇到问题变得惧怕，不敢面对失败，结果就变得越来越低沉，甚至被公司淘汰。

著名学者托马斯曾经说过："头脑中的每一个意念，都是身体的一个命令，这种意念会引起或者治愈某些疾病。"在这里，这种奇特的意念也可以被称为心理暗示，相当于给了心理暗示一个贴合现实的解释。

这也是医生和病人家属为什么要瞒着癌症患者的原因。

有人患了癌症，医生对家属说他只可以活三个月。为了不让患者多思多虑，最后过一段快乐的时光，家人就选择隐瞒他的病情。结果，癌症患者三个月后很开心地出院了，一年后再去医院复查，医生发现他的癌细胞竟然在逐渐消失。

这真是医学奇迹！殊不知，这虽然是生命的奇迹，其实是心理暗示可以治愈人的某些疾病。

电影《杀生》中的牛结实，是一个被村民憎恶的另类。后来，村民跟牛医生合谋，不断地给牛结实灌输他得了绝症的意识。原本身体健康的牛结实因为淋雨真的生病了，越来越重，最后感觉自己不行了，一个人拖着棺材离开了村子，躺在棺材里等死，这种感觉真的很难形容。就这样，他被自己的心理暗示杀死了。

心理暗示的力量真的很大，会让人产生一种无法抵御的观念。

前文提到的 W 小姐，追溯到小时候，母亲就经常给她施压。比如考试成绩不好时就说："你真没用，这么简单的题都能做错！"母亲不断地给她输出心理暗示，暗示她没用，不能成功。

好在，W小姐的老师经常鼓励她，如果不是老师给她正能量，她也考不上重点大学。但进入职场后，W小姐又遇到了跟她母亲做法相同的领导，她才变得越来越消极，被负面情绪碾压。

《一切都是最好的安排》一书中说道："你想要成为怎样的人，你期待怎样的世界，一切由心决定。"积极的心理暗示会给人带来力量的加持，更有勇气去面对现实的挑战。

当我们对未来充满信心和决心，积极向上地面对每一件事，那么，事情就会越来越顺利，未来也会五彩缤纷。这就是心理暗示的力量。

心理学上有个很著名的实验叫"罗森塔尔实验"，也叫作"皮格马利翁效应"，说的就是这一点。

美国著名心理学家罗森塔尔和雅各布森在一所小学做了一个实验。他们在这所小学每个年级随机挑选了3个班，对这18个班级中的学生做一个关于未来发展趋势的测验。

然后，罗森塔尔将一份名单交给校长和老师，他给这份名单上的学生高度评价，大力赞扬，并且嘱咐校长和老师保守秘密，不要告诉相关学生。然而，这是罗森塔尔故意为之，因为名单上的学生是他随机挑选的。

8个月后，罗森塔尔对名单上的学生进行复试，结果与之前大不一样。名单上出现的学生，学习成绩取得了很大的进步，并且性格更加开朗活泼，乐观向上，充满正能量，求知欲上升，对未来充满了信心和希望。

显而易见，积极的心理暗示可以帮助我们达到目标，实现理想，遇见更好的自己。

现代社会压力很大，有些人挣扎在压力的旋涡里不能自拔。他们对生活充满了负面情绪，认为世界那么大，自己却无处容身，卑微得仿佛是一粒毫无用处的尘埃。

这些忧郁的成年人，大多有一个压抑的童年，从小被灌输了消极思想：自己太笨，考试老是垫底；老爸没用，房子太小；家里没钱，菜又涨价了……

这些语句就是无形的压力和暗示，潜移默化地被渗透到人的思想里，印在脑海中，久而久之就变成了现实：菜越来越贵了，自己越来越没用。

一语成谶。这不是命中注定，而是后天暗示。

消极的话语会转化为消极的心理暗示，大脑一旦得到这种暗示，形成意识，那么就会影响到人的思维和行动，继而带动整个人的气场和未来向着消极的大道前进，死不回头。

单位有个同事很出名，我们叫他 D 先生。

D 先生出名的方式很别致。他是尿毒症患者，起先单位的同事还捐过款，平时也对他很包容，处处顾及他的身心健康。但这位 D 先生却自怨自艾，整天黑着脸，不苟言笑，同事跟他打招呼，他都不太愿意搭理，形象点说就是"行走的乌云""哀怨的代名词"。

D 先生不与人交往，整日消沉低落。渐渐地，同事也不愿意与他来往，总觉得在他身边就像是整日处在阴雨天里，毫无生机。

相反，同事都喜欢 Q 先生。他是单位的小太阳，心态非常好，无论遇到什么情况都会积极地去面对，乐于助人，所以征服了单位所有的人。

试问，谁愿意放弃太阳去靠近乌云呢？

人生短暂，光阴匆匆流逝，要像仙人掌般坚强，扎哪儿活哪儿；要像向日葵般温暖，向阳而生，追寻幸福。面对挫折和困苦，我们应该用积极的心态去面对，乐观向上，勇往直前。

进行积极的自我暗示，相信自己是最优秀的人，并为之付出努力，奋斗一生，你会值得这世间最美好的一切。

也许，现在的你正处于人生低谷，觉得周身陷入黑暗的境地，也许往后余生都一直低沉。可是，人的生命力有着无限的可能，有着巨大的潜力，等到深入挖掘出来，你会发现，原来生活可以这样美好。

我们可以这样暗示自己：我是世界上独一无二的存在，我可以再坚持一下，我的未来存在巨大的发展潜力，我可以遇见更好的自己！我要微笑着面对生活中的一切，我可以等到每一朵花开，看到生命中最美丽动人的风景。

我希望现在的你可以遇到更好的自己，未来可期，你值得这世间的美好。

Part 4　怨自己还是走出去

从辩证唯物主义的角度来看，凡事都具有两面性，所以要用辩证的思维看待问题。

自卑也一样，有两个方向的选择。

积极的一面就是，自卑可以让人们更好地了解自己所处的位置和能力，从而针对缺点和不足加以修炼，达到一种升华，去遇到未来更好的自己。

另一方面，自卑也具有一定的危险性。自卑会分泌一种消极、悲观的情绪，将人困在原地打转，就像缩在套子里的人故步自封，沉浸于自己想象的世界中，永远转化不了。

这个世界上，有人克服艰难险阻，抵达人生的彼岸，看到彼岸花开；也有人被自卑打败，溃不成军，觉得人生乌云密布，永远停留在低谷。

电影《公主日记》中有这样一句台词："未经过你的同意，没人能让你觉得自卑。"人生不过区区数十载，整个未来都掌握在自己手里，除了自己，任何人都不能击倒自己。不要放弃，相信未来会是多姿多彩的。

方茴新入职一家合资企业做出纳，这几天，财务部的气氛很紧张，因为最近同事都在传她是走后门进来的，没什么能力，大家对她很有意见。

新人入职后难免会做错事，方茴在上交给总经理的财务报表上弄错了一组数据，幸好被总经理助理看了出来，不然公司会损失一笔钱。

这件事一出，财务部的同事对方茴的意见更大了，埋怨她连累整个部门被扣奖金，大家都对她疏远了很多。

渐渐地，方茴被孤立了，大家在背地里说她的坏话也传到她的耳朵里，挫败感和失落感油然而生。而且，她越发觉得整个公司的人都在对她指指点点，说她能力不够，然后自卑感也就产生了。

方茴之所以对自卑情绪很了解，是因为她小时候有过这种感觉，而且长达三年。

从小学一年级开始，因为父母工作的原因，方茴经常转校，还没等她熟悉新的环境和同学，又被换到另一所学校，她就需要重新融进周围的环境里。

在这个过程中，方茴被孤立过，被欺负过，也被人指指点点过。那段时间，她自卑感爆棚，对自己没有一点儿信心，一度都不想上学了。现在，她在工作岗位上遇到了同样的事情，她便有了同样的自卑感。

财务部的同事本以为方茴会辞职，因为这几天她的状态的确不佳，神情低落，总躲着人。但是一个月后，方茴像是变了一个人，她更努力工作了，不仅态度积极了许多，业务水准也在提高，仿佛比从前更有自信和自尊了。

原来，方茴的心在沉寂了许久后，一点一点地苏醒了。她认清了自己的不足和缺点，将重心放在工作上，不去胡思乱想，将自卑转化为动力，最后化茧成蝶。

心理学家阿德勒认为，自卑并不是一件坏事，它并不代表懦弱和无能，所以要将自卑转化为动力和力量去推动自己走向成功，完成某些事业。

那么，如何克服自卑，见证蜕变的力量呢？

第一，重新认识自己，要知道金无足赤、人无完人。每个人心里都会有一些自卑感，要学会巧妙地转化。

完美主义者对自己的要求一般很高，一旦现实不能满足需求，没有达到目标，心里就会产生失落感和自责感，认为自己不行，悲观失望的情绪就占了主要地位。

这时候，自卑心理开始作祟，打击自己的自信心。在一连串的打击下，自卑就生根发芽了。

要知道，这个世界上不存在完美的人，每个人都会有缺点。一旦出现自卑心理，就需要重新审视自己的能力，发现缺点，认知不足，将自卑感转化成动力，完成蜕变，继续积极地工作和生活。

第二，转移注意力，将重心放在别处，鼓励自己走出去看看世界，让充实赶走自卑心理。

当自卑心理出现时，不要硬碰硬正面击退它，要循序渐进，从另一个角度去克服。你将重心放在其他方面，陶冶情操的同时充实自己。学一项技能，比如，素描可以锻炼专注力，烹饪可以磨炼耐力，看书可以提高修养。

总之，不要让自己闲下来有时间自怨自艾。与其抱怨，自我否定，不如花时间充电，丰富自己的内涵，学会取悦自己，从而将自卑击退。

第三，找出自卑的根源，打开症结所在，这才是克服自卑的重要方法。

心理医生可以用催眠法了解患者的生活，追寻自卑心理出现的根源，从源头上解决问题。

有些人自卑是因为原生家庭的关注不够，从小有一种被忽视的感觉；有些人是接连数次遭到打击，自尊心受到重创，所以引起自卑；而有些人是因为性格问题，敏感多疑，习惯性地抱怨生活中的种种。

第四，在独立完成一件事的过程中不断成长，克服害羞和不安，增强自信心和勇气。

自卑的人，做任何事都没有自信，他在团队中也是可有可无的存在，因为不敢做决定，就没有独立完成工作的机会。他平时表现平平，稍有不慎被上司骂一顿就会胆战心惊，然后自我否定，纠结在无能里不能自拔。

这时候，不妨培养一下自身的勇气和抉择力，独自一人完成一件事，对这项工作负责到底。整个过程下来，相信你的自信感会出现，再出现类似问题时也不会再彷徨失措。

最后，自我激励，完成目标可以得到奖励，充分发挥心理暗示的积极作用，相信自己会越来越优秀。

积极的心理暗示，可以促进一个人的进步和成长。在完成一项工作或做某项事业时需要进行自我激励，制定奖惩制度，将心理暗示做到极致。

　　未来充满无限的美好，是相信自我、自我激励，还是自怨自艾、悲观失望，一切都由我们的心决定。

　　给未来的自己一个支点，用勤奋和智慧创造奇迹，用自信和自尊开启新的生活。

　　可以暂时自卑一下，稍后，你要把它转化成动力，然后一飞冲天，改变命运。

　　相信，一切都会朝着美好的方向前进，从未停歇。

第十篇

摆脱童年阴影

Part 1 我的心真的受伤了，可是没人理我

商场里，一位妈妈领着女儿去卫生间。刚开始，两人交谈得还算不错，妈妈的声音温柔体贴，轻声细语地嘱咐女儿小心地滑，小女孩的表现也很乖巧。

可和谐的画面还不到一分钟，卫生间内就传来这位妈妈暴跳如雷的声音："我不是跟你说了往下蹲一点儿，你为什么还撅着屁股？低一点儿，不然尿全沾裙子上了，我这刚给你换的衣服。"

"真是气死我了！你出去等我，站在外面别动！"

这时卫生间又走进来一个人，只听"砰"的一声，那人轻呼了一下。这位妈妈开口提醒："撞了人要道歉，快跟阿姨说对不起。"

说这句话时，这位妈妈的语气还算正常，但紧接着，她的脾气暴躁起来，气急败坏地对孩子吼道："我不是说让你站那别动吗？为什么要乱动撞到人！"

这时，小女孩轻声说了句："我没撞到人。"

我永远忘不了这个小女孩当时的眼神,不悲不喜,没有委屈和难过,有的只是与她这个年纪不相符的平静。

这个小女孩大概六七岁的样子,瘦瘦的小小的,穿着一条黑色的蕾丝裙。虽然她表面上平静,但我却看到了压抑在平静背后的无奈和委屈。

她真的受伤了,可是没有人理她。

从这个案例中可以看出,这位妈妈的性格不稳定,情绪波动大,孩子背后的压力由此可见一斑。

作为家长,这位妈妈本身是有意识地去引导和教育孩子,也想要做一个温柔和善的妈妈。实际上,当孩子上厕所不小心弄脏了裙子,在门外没有听她的话乖乖等待的时候,积压在心底的怒火便一发不可收拾,在公共场合就爆发了出来。

从小女孩的表现看,她妈妈应该不止一次情绪失控,大概她已经习惯了。

这是个很危险的信号,小女孩在这样的家庭环境下成长,渐渐地,她的性格和行为习惯会被妈妈同化。长大后,面对问题她同样会情绪失控,成为跟她妈妈一样的人。

行为心理学研究发现,习惯的形成需要一个过程,21天的重复会形成习惯,90天的重复则会让这种习惯趋于稳定。也就是说,当一个人想要培养好的习惯,那么就重复去做好的行为。

家长在孩子面前起着榜样的作用，家长使用暴力去解决问题，那么孩子也会模仿家长处理问题的方法。很显然，这位妈妈并不知道这种处理问题的方式已经给孩子造成了伤害。

生活中存在这样一种状况，父母在不经意间伤害到了孩子，但是他们却没有意识到这会给孩子带来什么样的后果，比如影响孩子的心理健康，给他们带来童年阴影。

L从小在奶奶家长大，奶奶身体不好，很少带她出去见人。结果她性格内向，八九岁了还不太爱说话，在路上见到熟人也不会主动打招呼。

这时候，家长就会当众教育L："你怎么这么不懂事呢？看到阿姨要打招呼，你这孩子，怎么这么内向！"结果，L越来越不爱说话，以后见到熟人就低着头躲开。久而久之，家长教育她的声音更加难听了。

长大后，L跟父母谈起这件事。父母早就不记得当初说过这样的话，但对L来说，这可是一个巨大的伤痛——在小小年纪，L就被家长贴上"内向"和"不懂事"的标签，导致她长大后一直存在自卑和敏感。

童年时期，L很受伤，被家长当众教育时很窘迫，也没有安全感。但家长不知道这会给她带来怎样的伤害，以致这种伤痛一直如影随形。

家长或许都没有这样的意识，不经意的话语会影响孩子的一生，给他的心灵造成不可磨灭的伤害。

那么，如何减少对孩子的伤害呢？

首先，父母需要正确处理自己的情绪，注意孩子的心理变化，积极地进行引导。

一位教育工作者说过，孩子的性格和情绪能影射出一个家庭的涵养，孩子就是一面镜子，父母决定了镜子反射出的真实状态。

孩子的安全感都是父母悉心培养的，父母如果在孩子面前吵架，孩子就会产生焦虑、害怕、胆小的心理。他不明白父母吵架的缘由，就会胡思乱想：是不是自己不乖了他们才会吵架？他们是不是不爱我了？久而久之，这种心理一直存在，孩子就会感到敏感，对生活没有安全感。

而父母将负面情绪转移到孩子身上，比如，工作上不顺心、孩子犯了小错误都会让父母抓狂，情绪失控大骂孩子，这会让孩子感到不安，影响他健康成长。

其次，教育孩子要讲究方法，不能一味地强迫。

老一辈人喜欢在过年聚会时强迫孩子表演节目，强迫孩子跟人打招呼。如果结果不如人意，就会当众责骂，不给孩子留半点自尊。

事实上，有心理学家研究发现，孩子3岁时就可以形成自己的意识，他们的大脑已经能分辨出什么事情是自己想做的，什么事情是自己不想做的。强迫孩子做一些自己不愿意做的事情，会给孩子造成心理压力，影响孩子的心情。

凡事都要讲方式方法，要因人而异，以孩子的角度考虑问题，真正关心孩子的心灵成长。

最后，要时刻提醒自己，以快乐的童年为指导方针，给孩子一个充满温暖和爱的家庭环境。

有一位育儿专家提出过，丰富孩子的业余生活，带他们去画画、踢球、写字、踏青、看海、做亲子游戏……这样会提高孩子的幸福水平，让孩子更加快乐。

父母的感情稳固，孩子的安全感会更强，他们的童年生活会更快乐。那么，他们的精神状态会更富足，心理承受能力和抗压能力也会随之增强。

愿为人父母者都能为孩子提供一个美好的童年，让心灵快乐和富足成为家风，给孩子留下一段难忘而珍贵的童年回忆。

Part 2　关注儿童的情绪

心理学家认为，童年经历影响深远，关系到儿童的成长。于是，越来越多的学者研究儿童心理学，关注儿童的心理健康，以保证他们能够幸福快乐地长大。

我们知道，拥有一个不健康的童年，会给孩子造成怎样的伤害和阴影。那么，如何给孩子创造一个舒适的环境，时刻关注孩子的情绪稳定，将成为家长要做的重中之重。

越来越多的家长认为，想要养育好一个孩子堪比古人入蜀地。与父辈相比，现在养育一个孩子的各项成本指数在逐年攀升，需要人力、物力、财力的投入，还要追加精神投入，兢兢业业做好一切工作，结果还有可能出人意料。

家中有孩子的你，看看下面这样的情形应该不会感到陌生吧？

拼乐高玩具的宝宝突然号啕大哭，怎么也哄不好；原本活泼开朗的孩子在第一天去幼儿园后变得不爱说话了，第二天怎么也不出门，一听上幼儿园就掉眼泪；幼儿园大班的小朋友突然关注自己的穿着了，如果不给他穿好看的衣服就不出门；孩子情绪低落了，晚饭吃得很少，话也变得越来越少；在小区玩耍的孩子突然对同伴拳脚相向，一秒钟变暴力小孩；已经上小学的孩子不敢一个人睡，怕黑、怕影子……

这些孩子怎么了？家长该怎样去教育？

兴趣、爱好、活泼、充满阳光，这些都是好的情绪，而生气、自卑、焦虑和悲伤都是需要细心疏导的情绪。当儿童出现类似的情绪时，就需要家长正确引导，细心地处理孩子的情绪问题。

表姐家的宝宝苒苒开始上幼儿园了，头一阵子还好，一个月后，表姐发现苒苒的情绪不太对。

这种异样的情绪，首先表现在苒苒的行为上：不爱吃饭，晚上睡觉不老实，常常半夜醒来大哭。此外，表姐发现苒苒特别恋家，不愿意去幼儿园，情绪低落，说话也很少。

发现这一系列问题后，表姐意识到问题的严重性，她认为苒苒是上了幼儿园才开始出现低落情绪的，于是她去幼儿园了解情况。

苒苒上的是私立幼儿园，因为她入学晚，班里的孩子大多已经有了固定的玩伴，她来到陌生的环境，没有一个熟悉的小朋友，就会缺乏安全感。

莘莘刚入园时，正好赶上小朋友玩捉迷藏，老师想要她更快地融入集体生活，就让小朋友们带她一起玩。但由于不熟悉，孩子的忘性也大，最后班里的小朋友都忘了莘莘的存在，以致莘莘在储物柜里躲了好久都没有人来找她。

这件事对莘莘的打击很大，从那以后，她就有些怕黑，不敢一个人睡。

现代社会对女性的要求很高，需要扮演母亲的角色，还需要在职场打拼，大多数妈妈没有时间关注宝宝的情绪，相对来说陪伴也很少。试问，假如宝宝在幼儿园或者其他地方受到了委屈，幼小脆弱的心灵受到了打击，不经过引导，他们是不会说出来的。

孩子的心智发育还不健全，他们不懂发生了什么事，这时候如果不处理好孩子的情绪，任其发展，那么势必会形成泛化，造成条件反射的悲伤或消极。

千里之堤，毁于蚁穴。

如果不正视孩子的情绪，关注孩子的心理健康，这看似很小很简单的事情就会被孩子无限放大，继而形成焦虑、恐惧的情绪；不被关注，也会让孩子没有安全感，自卑心理就会如影随形，被深深藏在心底。

表姐很重视孩子的情绪，因为她小时候就遇到过不被关注的情况，她的心真的受伤了。但是大人都忙于工作，对她的关心和关注少之又少。所以，长大后她始终觉得自己的童年是不完整的，是缺乏爱和安全感的。

她现在患得患失，对生活充满焦虑感，也是因为童年时期得到的关爱不够造成的。因此，她特别注重苒苒的成长，细心呵护她的心理健康，给她更多的陪伴和照顾。

经过幼儿园事件，表姐开始科学地引导苒苒，让苒苒打开心扉，将这段时间在幼儿园发生的事情理顺。比如，她看到了什么？听到了什么？在发生什么事情后感觉心里不舒服？

表姐细心引导，逐一解释，用孩子的思维去跟苒苒耐心地沟通和交流。苒苒敞开心扉后，表姐又借着孩子过生日，订了一个大蛋糕去幼儿园，让小朋友一起给她过生日，分享蛋糕和快乐。

渐渐地，苒苒融入了幼儿园的小集体，在班里也有了要好的小朋友，人也活泼快乐了很多。

诸如此类的情绪变化，都需要家长细心呵护。提高关注度，做一个可以辨识孩子不良情绪的"全能型"家长，及时化解孩子哭闹、焦虑、恐惧、自卑等情绪问题，不让这些负面情绪长时间在孩子的脑海和心里停留。

其实，情绪在生活中是必然的存在，它没有好坏之分，只是不同的情绪背后代表的心理诉求不一样。

儿童存在的情绪，大人也一定存在，只是儿童的心智发育还不健全，他们没有经验和方法去管理自己的情绪。

这时候，就需要家长发挥主观作用，精心呵护孩子的各种小情绪，在生活的一点一滴中教导孩子如何处理负面情绪，给孩子充满信心和爱心的童年生活，让孩子长大后可以遇到一个更好的自己，更有勇气和毅力去面对生活中的坎坷和磨难。

儿童的心理很神奇，陪伴和沟通能更好地走进儿童的心里，这是生命最纯洁和童真的状态。我们带给孩子爱和陪伴时，他们也会给我们带来快乐和希望，那是生活最好的体现。

我们细心地呵护并见证一个生命的成长，同样，他们也会抚平我们心底的创伤。有孩子欢笑的地方就会充满阳光，它可以穿过黑暗，赶走心灵的阴影。

Part 3　挣脱噩梦的束缚

梦是一种神游状态。在梦里，一个人好像无所不能，千奇百怪、天马行空的梦境畅游在每个人的脑海中。

每个人都有过做梦的经历。忙碌一天后躺在床上，虽然入睡了，但大脑细胞仍旧在活跃，潜意识里人依旧在活动，有时像身临其境，就像整个人进入了另一个时空。

我们都听过"日有所思，夜有所梦"这句话，古代也有"庄周梦蝶""南柯一梦"的典故，在人类历史的长河中，人们对于梦的研究一直没有停止过。

弗洛伊德在《梦的解析》中提出了潜意识理论，他指出，梦就是潜意识的产物，人在清醒的意识下，还有一个潜在心理活动在运行。还有心理学家认为，梦的存在，是在潜意识里进行自我激励和鞭策，以达成某种既定目标。

事实上，我们能够得出这样的结论：梦中的场景能映射出一个人的生活和性格，并与自己的生活状态息息相关。

在单位劳累了一天，晚上做梦就会梦到自己继续在单位谈业务；看了一部很火爆刺激的警匪电影，晚上做梦就会梦到自己也被追杀；从小受打击，自尊心受伤害，就会梦到自己被所有人嫌弃，或者光着身子站在人来人往的大街上。

梦中的场景，有时也映射了一个人内心深处被隐藏起来的童年时期的创伤，在意识最薄弱的时候倾泻而出，那些童年记忆就在梦中影射出来。

心理学研究表明，儿童做噩梦的几率大。所谓噩梦，就是充满焦虑、令人恐惧的梦。

孩子受到惊吓，看恐怖片，过度兴奋，情绪波动大，都会诱发噩梦。噩梦大多在深夜发生，孩子惊醒后会大哭，这时候家长需要立即给予孩子关爱和安慰，缓解噩梦带给他的痛苦和恐惧，不要给他留下阴影。

第二天，家长还需要与孩子沟通，帮助孩子正确理解梦境，告诉他梦中的场景都是假的，是虚幻的。此外，还可以用转移视线的方法帮助孩子，将他的注意力放在新玩具或好吃的食物上面。

总而言之，不要让噩梦过夜，及时开导孩子，绝不给任何机会让孩子的思想和心灵停留在对于噩梦的恐惧中。

儿童时期的心理健康需要家长悉心呵护，不让噩梦的恐惧长时间停留。那么，成年人在经历噩梦后该怎么解决呢？

第一，成年人更需要关注自己的心理健康状况。

当下，成年人来自社会和生活各个方面的压力都很大，继而产生了情绪波动，心理就会不稳定。这时，你要有意识地去稳定自己的情绪，挑破童年阴影的毒瘤，赶走心魔，不让噩梦消磨自己的意志和决心。

一个人要正视自己的童年阴影，将童年时期解决不了、难以理解的悲伤和恐惧挖掘出来，配合心理医生将它们释放。这时候，成年人需要发挥主观作用，有意识和决心去面对原生家庭遗留的问题，摒弃童年阴影，对症下药。

第二，关注心理健康的同时，不要忽视身体状况。

中医认为，失眠多梦是由于身体内部机能的变化而产生的。人体的气血不足，则会引起阳不守阴，神失其守，所以就会引起多梦。现代人压力大，如果思虑过度，就有可能伤及肺腑，损耗元气和精气，给身体内部造成压力，深思不安，梦就会变多。

中医发展年代久远，讲究对症下药。但在服用汤药的基础上，还是需要强调人本身的状态，不要给自己太大的压力，尽量用轻松的心态去面对现实生活中的种种问题。

俗话说，心病还需心药医。世界上最好治疗和最难治疗的病就是心病，心灵上的创伤和阴影并不是一场手术就可根除的，追溯心病的本源，从根本上战胜它，还需要日积月累的调养。

第三，从童年时期开始，认真对待每一种情绪。

好妈妈会带出好孩子，这里强调的是，妈妈在孩子成长过程中的重要性。

关注一个人的成长，要从童年开始，儿时塑造的品格、养成的习惯、心理素质如何，都会影响他长大后的人生。

这样，家长就要了解孩子最想要的是什么。

在上幼儿园前，孩子需要的是爱和陪伴，是母亲的关怀备至，我们要在那个时期培养孩子的安全感。

上学后，孩子需要伙伴和朋友，要学会分享和交流，要收获友情和快乐。这时期的孩子需要理解和支持，要培养孩子的自信和兴趣，锻炼他的意志和思维。

孩子长大后，一旦情绪波动，自卑、敏感、恐惧、悲观这些情绪就会出现。家长要注意追寻孩子出现负面情绪的源泉，必要的时候可以用孩子的思维解决问题。

如果现在的生活不是你想要的，你所追寻的东西遥不可及，你觉得生活是一团乱麻，现在正做着自己不喜欢的事，那么，不妨问问自己，儿童时期的自己快乐吗？那时的梦想是什么？如果遇到困难，十几年前的自己如何去解决？

与过去的自己对话，让童真抚平生活的烦恼和焦虑，要知道，一切经历都有存在的意义。

第四，噩梦并不是被赶走的，而是被快乐和幸福替代。

心理学认为，治疗心理问题除了要正面解决，积极治疗，还需要寻找替代品。

我们要寻找生活中的幸福和快乐，积极面对生活的坎坷和困难，用乐观向上的心态解决问题。当生活中充满阳光，正能量占据心灵的上空，那噩梦和负能量也就无处容身了。

调节心情，利用空余时间做些感兴趣或有意义的事，让自己的业余生活丰富多彩。比如，周末去郊区画一幅画，或冲一杯咖啡后开始写文章，或去养老院做义工。

赋予生活多彩的颜色，用色彩去填补心灵的空白，身体充实起来，睡眠自然会得到改善。

心灵和童年阴影就像牢笼禁锢着人们的快乐和希望，正像噩梦一样笼罩着，外面的人走不进去，阳光投射不进来。只有主观挣脱噩梦的牢笼，幸福和美好才会到来。

愿我们都能摆脱噩梦的困扰。我们值得这世间的美好，为了遇见更好的自己，一切等待和磨难都值得。

Part 4 做一个健康、积极向上的人

钢筋混凝土堆砌起来的城市里，生活着形形色色的人，他们将晨曦融进拥挤，夜晚揉入霓虹，朝夕之间的每一秒都在承受着来自各处的压力。

压力感存在于每个人身上，它牵系着人的精力和能量，消耗着内心的力量，不容忽视。凡事要讲究度，适度的压力可以转化为动力，而过重则会引起精神状态的失常。

生活在极速发展的现代社会，人们或多或少会有一些心理问题要处理，需要靠自己或他人的疏导才能走上正轨——在追求物质生活的同时，也需要去维护和丰富精神世界。

70后、80后生活在物质相对匮乏的年代，也可以说是见证了时代发展的一代人。

那时没有丰富的娱乐休闲活动，童年的回忆也多半是快乐和满足的。但那个时期的父母对孩子的情绪关注度不够，实行放养政策，难免会忽略孩子异样的情绪和状态。

相信大家对这样的玩笑话并不陌生："妈妈要给你生个弟弟，有了弟弟，爸爸妈妈就不要你了。"

中国人面对二胎，喜欢用这样的玩笑话去逗孩子。原本以为一笑而过的事情，对于孩子来说就意味着害怕和恐惧，甚至出现焦虑感。

在童年时期，孩子并不明白孕育二胎的真正意义，只会受到外界的影响和感染，听到"爸爸妈妈不要自己了"这样的话，理所当然记住了字面意思。

那么，在孩子的认知中，有了弟弟就等于自己被抛弃了，于是成为噩梦的来源。这样既不利于孩子的健康成长，会为以后的生活带来阴影，还会削弱手足情感。

再如，"你怎么这么蠢，这么简单的题都不会，你看隔壁的洋洋比你强百倍！"还有："行了，你别做了，干啥都不行，简直就是废物！"家长在愤怒的情况下会大声说出这些话，更有甚者，在大庭广众下肆意辱骂孩子。

后来，孩子总做噩梦，不是梦到考试没答完题，就是梦到自己被人指指点点。久而久之，孩子的自信心极度丧失，自卑和焦虑的情绪占据主导，变得越来越内向，不爱说话。

心理学家认为，贬低孩子的人格容易使孩子丧失自信，认为自己不被尊重，严重的会导致自卑和抑郁。

事实证明，孩子在成长过程中需要鼓励，鼓励的话和耐心的帮助才是孩子真正需要的。这样，孩子的心理才会健康，在充满阳光的环境中长大，有助于培养孩子积极乐观的性格。

20 年后，80 后也为人父母，这一代人开始关注儿童心理健康，坚持用科学方法了解孩子的内心，确保孩子在一个充满爱和陪伴的环境下健康成长。

但随着时代的发展，科学技术的进步，智能手机、ipad 等电子产品出现了，也正在摧毁孩子的童年生活。

现代社会的工作和生活，90% 以上都靠电子产品完成，特别是手机的使用率最高，不管在什么时候、任何地点，手机几乎可以与氧气相提并论，占据着主导地位。孩子在这样的环境下生活，难免会觉得冰冷和漠视，时间久了也会变成问题儿童。

那么，要想改变这种现状，就需要家长以身作则，陪伴孩子就要抛弃手机，专注与孩子做游戏，培养亲子关系。

杨绛说："好的教育不是被动受教，而是启发学习的自觉，在不知不觉中受教。"好的教育从来都是言传身教，用实际行动去完成教学任务，让孩子感受到榜样的魅力。

想要孩子成为怎样的人，那么，你就去成为怎样的人。

给孩子树立一个触手可及的榜样，帮助孩子找到最真实的自我，正确处理生活中可能遇到的问题，控制自己的情绪，改善性格和脾气，给孩子一个健康的生活环境。

其实，我们的内心深处都住着一个小孩子，那是一个抽象概念，是过去的自己。

曾经的原生家庭，它或许温暖、幸福、充满爱，又有可能冰冷、消极、充满暴力。但无论怎样，要知道，这山高水长的尘世，终究要靠自己一步一步地走过去。

穿越岁月的长河，你会发现，那些曾经以为永远过不去的坎坷，都是上帝给自己留下的宝石。抑郁和悲观的情绪一旦出现，我们不要想着马上赶走它，要用快乐和幸福挤走它。

与原生家庭和解。

父母也是第一次做爸爸妈妈，没有经验和阅历，如果想要幸福，就不能一直纠结于过去。眼睛长在前面，那是叫我们向前看的，要好好过日子。

如果童年太过痛苦，那就与自己和解。从此刻起，珍视自己的一切，呵护自己的心灵。

我们生活在大千世界里，一直在摸索中前行，学习如何与人相处、与生态环境如何共处。

上一代人养育了我们，我们又去陪伴下一代人的成长，生生不息——生活的真谛，也许就是在深一脚浅一脚的前行中，舍弃，又获得。

我们离幸福很近，又一脚踏在悬崖边缘，那些童年时期不好的情绪聚集在心底，跃跃欲试，随时准备冲破牢笼。但我们发誓，那些曾经受的苦和磨难绝不会在孩子身上重演，所以，我们学着在陪伴孩子的同时与过去握手言和，与原生家庭和解，生活的意义或许就在于一代代的传承，永远不会停止。

高尔基说过："我相信，如果怀着愉快的心情谈起悲伤的事情，悲伤就会烟消云散。"与过去和解的过程一定很艰难，可一旦过去了，等待自己的就会是幸福。

这是一个过程，充满期待。

人生的道路是曲折的，人们带着一颗真心走在路上，一路繁花相伴还是倾盆暴雨，这是要用心去体会的事情。无论遇到怎样的事情，心都不应该被忧伤包围，被消沉缠绕，被乌云笼罩。

要相信，快乐的日子终会到来。从此刻起，关心粮食和蔬菜，做一个健康、积极向上的人！